奇幻星际 火星任务

M. J. 科森 著
陈 瑶 译

哈爾濱工業大學出版社
HARBIN INSTITUTE OF TECHNOLOGY PRESS

版权登记号　黑版贸审字　08-2013-065

图书在版编目（CIP）数据
火星任务 /（美）科森著；陈瑶译 .—哈尔滨：哈尔滨工业大学出版社，2014.1
（奇幻星际）
书名原文：Your mission to Mars
ISBN 978-7-5603-4060-9

Ⅰ.①火… Ⅱ.①科… ②陈… Ⅲ.①火星－少儿读物 Ⅳ.①P185.3-49

中国版本图书馆 CIP 数据核字（2013）第 213482 号

插　　图　斯科特·巴勒斯
内容顾问　黛安·M·博伦
策划编辑　甄淼淼
责任编辑　陈　洁　张鸿岩
封面设计　刘长友
出版发行　哈尔滨工业大学出版社
社　　址　哈尔滨市南岗区复华四道街 10 号　邮编 150006
传　　真　0451-86414749
网　　址　http://hitpress.hit.edu.cn
印　　刷　哈尔滨市石桥印务有限公司
开　　本　787mm×1092mm　1/16　印张 2　字数 27 千字
版　　次　2014 年 1 月第 1 版　2014 年 1 月第 1 次印刷
书　　号　978-7-5603-4060-9
定　　价　128.00 元（套）

目 录

假设你能探访火星

你是否听说过，亿万年前火星上可能存在生命？火星是地球的近邻，它在很多方面和地球相像。曾经有一段时间，科学家也怀疑火星上可能存在过动植物。现在，他们知道了，在这个星球上没有任何生命。

没有人去过火星，不过机器人去过。想象一下，你能探访火星，并且亲眼看看它到底是什么样子的。

科学家已经在火星上发现了远古洪水的痕迹。他们还发现了火星的寒冷区域有水的迹象，地上和地下都有。

太阳
水星
金星
地球
火星

火星轨道
地球轨道
太阳
地球
火星

年与日

如果你精心计划，7个月左右就能到达火星。

所有的行星都围绕太阳旋转。地球绕太阳一周需要365天。火星绕太阳一周需要相当于地球两倍的时间。你最好选在火星轨道离地球最近的点朝火星进发，这样你的旅程将会缩到最短。

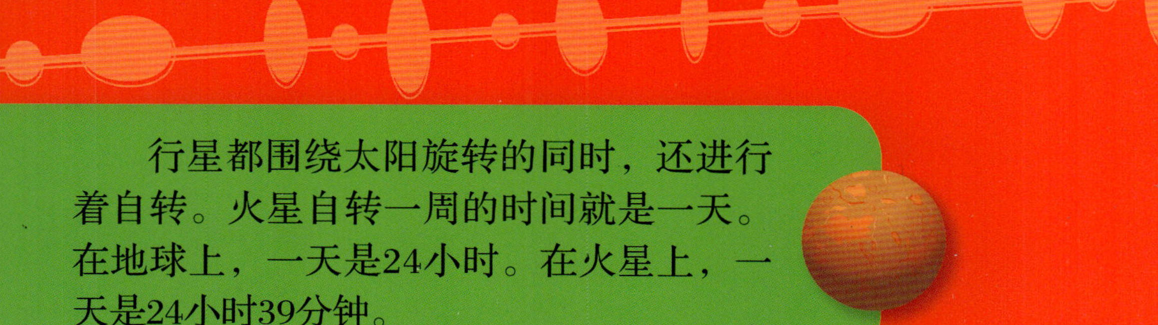

行星都围绕太阳旋转的同时，还进行着自转。火星自转一周的时间就是一天。在地球上，一天是24小时。在火星上，一天是24小时39分钟。

大气层

7个月是相当长的一段旅程，你可以用这段时间来研究火星。因为火星离太阳比地球更远，所以火星比地球冷。而且，火星的大气层稀薄，这就意味着火星保存不了多少热量。

火星的大气层基本上都是二氧化碳，就是我们呼出的气体。你必须带来一套特制服装来抵御寒冷并且提供呼吸用的氧气。

水
水
食物
食物

地球
月球
火星
火卫一
火卫二

大小

如你所知道的一样，地球的直径是火星的两倍，火星的直径是月球的两倍。火星有两颗很小的卫星，它们分别是火卫一和火卫二。

地 表

终于要着陆啦！你踏上火星明亮的橙红色表面，看到红色的云朵和红色的沙尘暴盘旋着。三氧化二铁赋予了火星这特殊的颜色。在地球上，这就是我们所熟知的铁锈！

你会发现火星地表不完全是平坦的。看那些沟壑！在你的记忆中它们都是由融化的积雪形成的峡谷。

像地球一样，火星有一层岩石地壳，在地壳之下还有一层地幔。火星的核心和地球一样，基本上是由铁和其他一些元素构成的。

引 力

你着陆在火星上的时候，感觉很不一样。你又蹦又跳，或者捡起一块红色的石头扔出去，落地时间比在地球上要长。这是因为火星上的引力只有地球上引力的1/3。

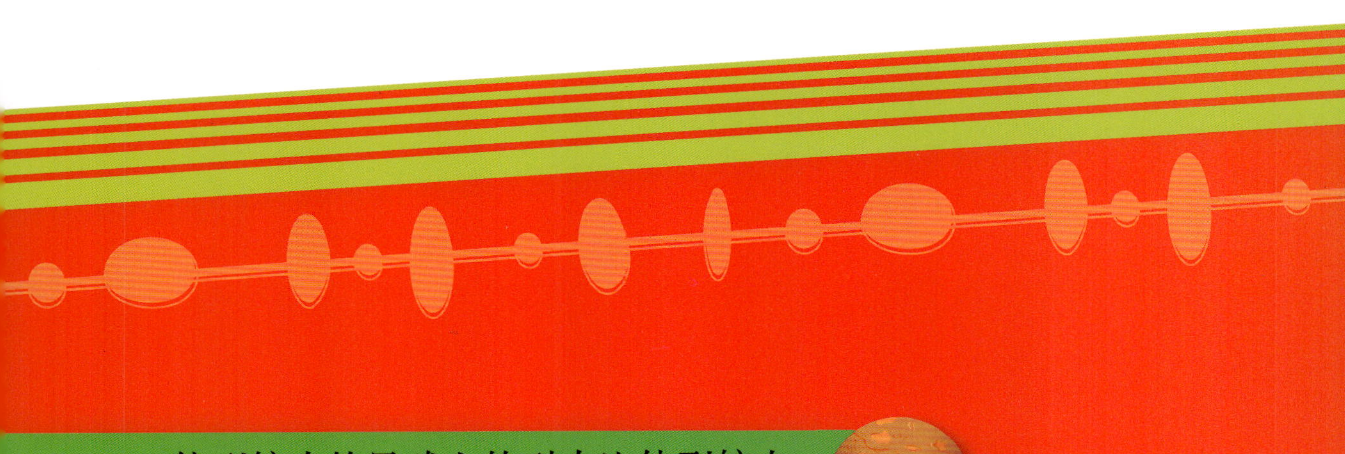

体型较小的星球上的引力比体型较大较重的星球上的引力小。

高 地

你看到了远处的一座大山，你徒步前去探索。好陡峭的一座山！

你测量了它的高度之后，发现它比地球上最高的山峰珠穆朗玛峰还高！

火　山

你决定爬上这座山，到了才发现这是一座火山。对啊！你想起来，火星上有太阳系最大的火山。你脚下的这座火山正是奥林帕斯山，太阳系的最高峰。

平 原

你继续探索。放眼望去，大地都是平坦的。这就是火星上的北部平原，我们太阳系中最平坦的几个地方之一。

你并没有看到任何水或者是其他生命的迹象。

也许向南去你会发现点儿什么。

峡谷和陨石坑

你飞过火星的赤道。在那里，你看到了巨大的峡谷——水手号峡谷。水手号峡谷的深度和宽度是我们地球上大峡谷的很多倍，它能延伸到横穿整个美国。

南去的途中，你看到了很多大小不一的陨石坑。它们是由行星撞击星球表面形成的。

希腊平原是火星的一大陨石坑。它有1 400英里（2 253千米）宽，差不多6英里（10千米）深。那可是半个美国的大小！

南　极

你的最后一站是南极。南极是由凝固的二氧化碳和干冰构成的，你取了一些干冰带走，但并没有发现水。不过科学家会继续研究干冰，以便进一步了解火星。

太阳要落山了。你微微喘了一口气，感叹着飘扬的红色沙尘让火星的日落如此美丽动人。

你返回自己的飞船过夜。明天，你将继续探索这座令人惊叹的星球。

科学家所知道的火星

人们从古代就开始观察夜空中的火星了。19世纪早期，意大利天文学家乔凡尼·斯基亚帕雷利在看到了火星上类似运河的形状，人们很快就认为是智慧生物或者说是火星人创造了这些运河。

20世纪60年代，美国航空航天局（NASA）发射的“水手4号”“水手6号”和“水手7号”飞越火星。水手号系列拍摄到了火星陨石坑的照片。通过这些照片，科学家们相信火星极像地球的卫星——月球。1976年，“海盗号”太空飞船着陆火星，拍摄了第一手的近景照片并获取了火星的土壤样本。此行并没有发现任何生命或其创造的运河的迹象。

1996年，美国航空航天局发射了“火星探路者号”和“火星环球探测者号”。“火星探路者号”携带一个机器人，其将在火星上滚下坡道并在岩石间移动拍照，并研究岩石和土壤。“火星环球探测者号”应用先进仪器来进一步研究火星地表，它绘制了相当好的火星地图。2003年，火星以6万年来最近的距离经过地球。哈勃太空望远镜拍摄了许多精彩的照片。2008年，“凤凰号火星着陆器”在火星的北极发现了水。

“好奇号”星球车于2011年末发射，其首要目标是查明火星是否孕育过生命。

火星小常识

位置：太阳系由内向外的第4颗行星
与太阳的距离：1.42亿英里（2.29亿千米）
直径（通过行星中间的距离）：4 222英里（6 795千米）
公转时长（年）：约2个地球年
自转时长（日）：24小时39分钟
卫星：火卫一和火卫二
引力：地球引力的1/3

相关词汇

大气层——行星周围的气体层
核心——星球的中心
陨石坑——深入地下的碗状大坑
赤道——星球中间一条虚拟的线
气体——一种扩散开来的填充其他物体的物质，如车胎中的空气
引力——一种将较小物体拉向较大物体的力量
地幔——一个星球地壳和核心之间的部分
流星——太空中撞入某个星球的一大块岩石
轨道——环绕某物运行，常呈椭圆形的路线
太阳系——一颗恒星以及绕其运行的物体，如行星。
火山——一座可涌出炽热岩浆和蒸汽的山

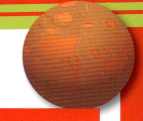

拓展学习

图书：

罗宾·伯奇，《火星》。纽约：事实档案出版社，2008年。

盖尔·吉本斯，《行星》。纽约：假日屋出版社，2007年。

迈克·戈德史密斯，《太阳系》。伦敦：翠鸟出版社，2010年。

网址：

想了解更多关于火星的知识，请在线访问ABDO集团的网址www.abdopublishing.com。关于火星的网址详见本书的链接页面。这些链接会进行定期监测和更新，以提供最新的信息。

索　引

萨利·凯法特·卡尔森 著
陈　瑶 译

哈尔滨工业大学出版社
HARBIN INSTITUTE OF TECHNOLOGY PRESS

版权登记号 黑版贸审字 08-2013-065

图书在版编目（CIP）数据

海王星任务 / （美） 卡尔森著；陈瑶译 .—哈尔滨：哈尔滨工业大学出版社，2014.1

（奇幻星际）

书名原文：Your mission to Neptune

ISBN 978-7-5603-4060-9

Ⅰ.①海… Ⅱ.①卡… ②陈…Ⅲ.①海王星—少儿读物 Ⅳ.①P185.6-49

中国版本图书馆 CIP 数据核字（2013）第 213513 号

插　　图　斯科特·巴勒斯

内容顾问　黛安·M·博伦

策划编辑　甄淼淼

责任编辑　陈　洁　张鸿岩

封面设计　刘长友

出版发行　哈尔滨工业大学出版社

社　　址　哈尔滨市南岗区复华四道街 10 号　邮编 150006

传　　真　0451-86414749

网　　址　http://hitpress.hit.edu.cn

印　　刷　哈尔滨市石桥印务有限公司

开　　本　787mm×1092mm　1/16　印张 2　字数 27 千字

版　　次　2014 年 1 月第 1 版　2014 年 1 月第 1 次印刷

书　　号　978-7-5603-4060-9

定　　价　128.00 元（套）

目　录

假设你能探访海王星

夜空中的海王星在哪里呢？快把你的双筒望远镜拿来！它是唯一一颗你不能用肉眼直接看到的行星，离地球27亿英里（43亿千米），真是太远了！

无论如何你都去不到海王星。但是，假设你可以……

海王星地貌

登上飞船啦！你即将离开地球去完成太阳的第8颗行星，也是太阳系最后一颗行星的探索旅行。幸运的是，你有世界上最快的火箭，很快你就会到达那里了。

经过天王星之后，你的下一站就是海王星了。把照相机准备好吧！海王星呈现出绚丽的蓝色。你看见过火炉里的蓝色火焰吗？所燃烧的气体是甲烷，使海王星呈现蓝色的也是这种气体。

大小和天

这个蓝色星球特别大，大约能放进去60个地球！一驾高速喷气式飞机环绕地球需要两天，而同样的飞机要环绕海王星则需要8天。

虽然海王星是地球大小的4倍，但是它旋转起来比地球还快一些。自转一周就是一天。地球24小时自转一周，而海王星的一天则是16小时。

气体球

别想着陆在海王星上，海王星上可没有固体的地面。相反，有猛烈旋转着的气体云。

这些气体组成了海王星的大气。大气基本上是由极轻的氢气组成，还有一些氦气和一点儿甲烷冰。

气 温

钻入云层的时候你可要做好准备。海王星大气的上层只有华氏–330度（–201摄氏度）。它是我们太阳系中最冷的行星。如果你没有特制的太空服，瞬间就会冻成冰。

多风地带

如果你觉得这些还不够的话，还可以挑战海王星的狂风。海王星是太阳系中风最大的行星，风速可以超过1 500英里/小时（2 414千米/小时），差不多相当于地球上的12个台风合在一起那么猛烈。

大风卷起巨大的风暴，风暴的大小相当于地球的大小，从远处看像黑点儿一样。

能　源

海王星上刮这么大的风，哪来的能量呢？你记得书里说，风是由高压地区和低压地区形成的，而压力的差异又是由太阳的能源造成的。

海王星离太阳太远了，太阳能不足以影响到海王星的大气层。海王星有热量隐藏其中吗？你一定要找出答案哦！

液体层

好奇的你发现了海王星大气层下面的世界。你继续向星球的内部飞行，即将抵达海王星巨大的地幔。地幔是星球地壳的下层。

前面是什么？液体！在继续探索之前，你可以把火箭改为潜水艇模式。气温和大气压力慢慢增加。大气中的冰慢慢融化成炽热的液体。

地幔的某些部分温度可达华氏5 000度（2 760摄氏度）！

地幔的大气压力太大了，没有水蒸气可以溢出。水、甲烷和氨被迫呈液体状，只能变得越来越热。

你潜入滚烫的液体中，抵达了海王星的核心。海王星的核心和地球的一样大。你穿着特制的太空服都开始感觉热了。这里熔化的金属的热度堪比太阳表面的热度。

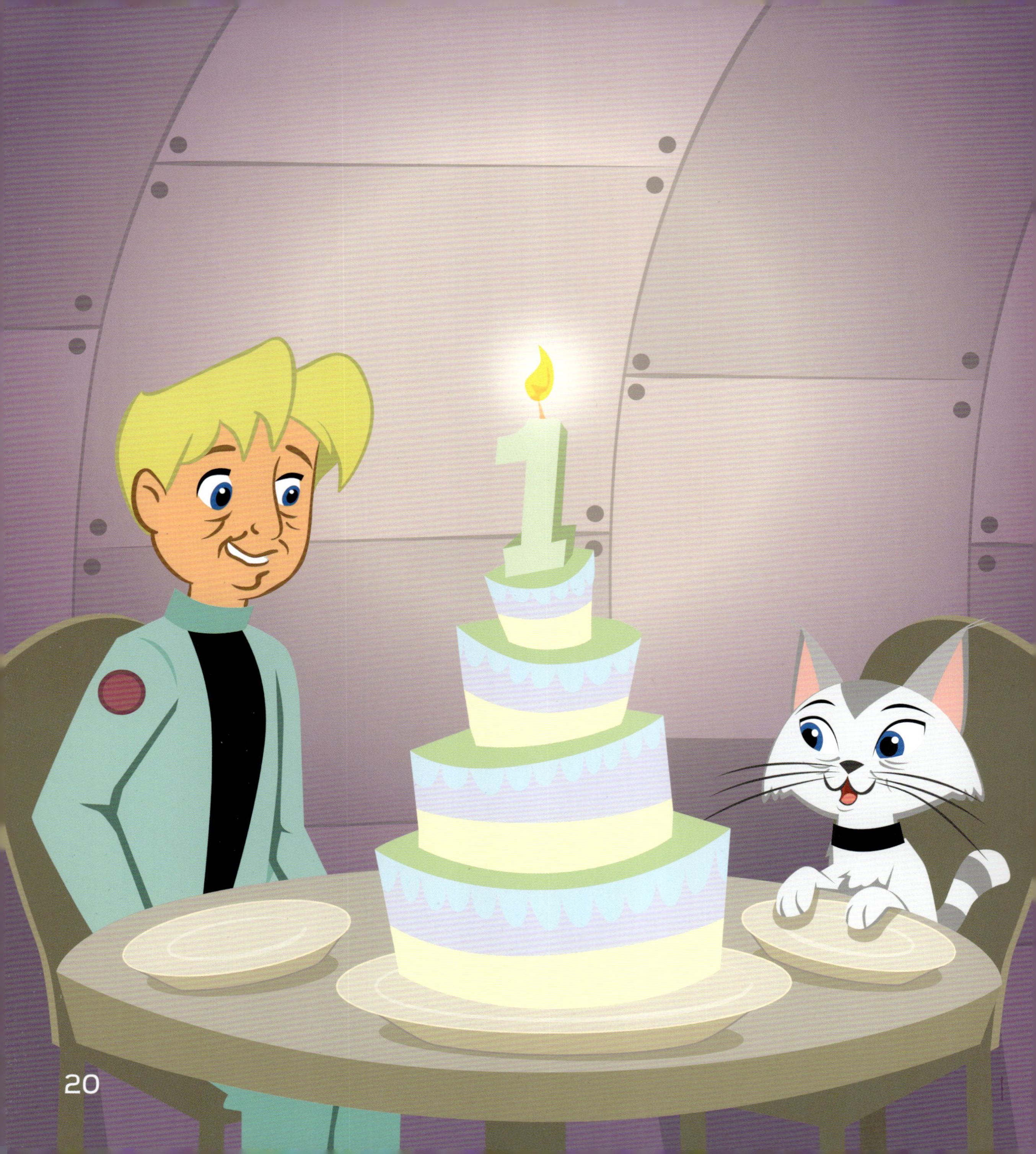

年

你最近太忙了，都忘记了自己的生日。你庆幸自己不用在海王星上过自己所有的生日。因为在这里过第一个生日的时候都已经165地球岁了。

这是为什么呢？每个行星都绕太阳运转，绕行一周的时间为一年。地球绕太阳一周需要365天，海王星则需要60 190天！

2011年，海王星完成了其1846年被发现以来的第一次公转。

四　季

地球和海王星在自转的时候都是倾斜的。所以，星球上的不同地区轮流朝向太阳。这就形成四季变化的规律。

回到海王星地表，你向南极进发，那里现在正是夏天。海王星的公转时间长，因此四季的时间也长。南极已经连续40年都是夏天了！不过可不要拿出你的凉鞋，温度最多能高到华氏–310度（–190摄氏度）。

南极

光 环

现在你必须挣脱海王星将你拉向地表的强大引力。你把你的喷气背包调到最高挡，克服海王星的引力，以便前往查看它的六道光环。

从地球上看，光环好像有一块块的缺失。但是，离近看才知道，光环的某些部分多出来许多岩石颗粒，这就是从远处看部分光环厚一些的原因。

卫　星

你还有一些时间去探索海卫一（特赖登）。它是海王星13个卫星中最大的一个，也是太阳系中最寒冷的地方。之后，你在海王星其他卫星之间奔波。它们相对小一些，有些只有20英里（32千米）宽。

未来，我们会了解到更多这个巨大的蓝色星球神奇的一面。有些发现来自于地球上的研究，有些发现来自于太空任务，也许会有一个重大发现来自于你！

科学家所知道的海王星

17世纪，伽利略首次使用天文望远镜。他是第一个看到海王星的人，但那时候他认为海王星只是一颗星星。

18世纪，伟大的科学家牛顿想知道，是什么使行星沿着自己的轨道运行。他想知道地球上的重力和使行星与卫星在太空中运转的力量是不是同一股力量。于是，发明了一种能确定引力大小和变化的计算方式。

科学家发现天王星轨道有一点小的摆动。他们怀疑附近是否还有一股力量在拉拽天王星。他们用牛顿的公式证明了那儿可能还有一颗行星存在。1846年，科学家确认了海王星的存在。

1989年，“旅行者2号”飞近海王星。它是第一个、也是唯一一个做到的宇宙飞船。它所携带的照相机、望远镜和计算机技术收集到了海王星的图片和信息。

美国航空航天局（NASA）发射的“新视野号”宇宙飞船预计于2014年8月24号穿过海王星的运行轨道。科学家们迫切地想知道它将会有什么新发现！

海王星小常识

位置：太阳系由内向外的第8颗行星，也是太阳系的最后一颗行星
与太阳的距离：28亿英里（45亿千米）
直径（行星中间的距离）：30 775英里（49 528千米）
公转时长（年）：165个地球年
自转时长（日长）：约16小时
引力：大于地球引力的14%
卫星数量：至少13个
气温：华氏-330度（-201摄氏度）

相关词汇

大气层——行星周围的气体层
核心——星球的中心
气体——一种扩散开来的填充其他物体的物质，如车胎中的空气
引力——一种将较小物体拉向较大物体的力量
地幔——一个星球地壳和核心之间的部分
甲烷——无色、无味、可燃的蓝色气体
轨道——环绕某物运行，常呈椭圆形的路线
太阳系——一颗恒星以及绕其运行的物体，如行星

拓展学习

图书：

梅兰妮·克里斯默，《海王星》。纽约：儿童出版社，2005。

伊莱恩·朗多，《海王星》。纽约：儿童出版社，2005年。

约瑟法·舍曼，《海王星！》。纽约：马歇尔卡文迪什出版社，2010。

霍华德·K·特拉梅尔，《太阳系》。纽约：儿童出版社，2010。

网址：

想了解更多关于海王星的知识，请在线访问ABDO集团的网址www.abdopublishing.com。关于海王星的网址详见本书的链接页面。这些链接会进行定期监测和更新，以提供最新的信息。

索　引

克里斯汀·扎霍拉·沃尔斯克 著
陈 瑶 译

版权登记号　黑版贸审字　08-2013-065

图书在版编目（CIP）数据

地球任务／（美）沃尔斯克著；陈瑶译．—哈尔滨：哈尔滨工业大学出版社，2014.1

（奇幻星际）

书名原文：Your mission to Earth

ISBN 978-7-5603-4060-9

Ⅰ．①地…　Ⅱ．①沃…　②陈…　Ⅲ．①地球—少儿读物　Ⅳ．①P183-49

中国版本图书馆 CIP 数据核字（2013）第 213912 号

插　　图　斯科特·巴勒斯

内容顾问　黛安·M·博伦

策划编辑　甄淼淼

责任编辑　陈　洁　张鸿岩

封面设计　刘长友

出版发行　哈尔滨工业大学出版社

社　　址　哈尔滨市南岗区复华四道街 10 号　邮编 150006

传　　真　0451-86414749

网　　址　http://hitpress.hit.edu.cn

印　　刷　哈尔滨市石桥印务有限公司

开　　本　787mm×1092mm　1/16　印张 2　字数 27 千字

版　　次　2014 年 1 月第 1 版　2014 年 1 月第 1 次印刷

书　　号　978-7-5603-4060-9

定　　价　128.00 元（套）

目录

进入太空

真幸运，我们能生活在地球上！它拥有我们生存所需要的一切。而且地球多么漂亮：绿树、小草和蓝天环绕着我们。

很少有人能离开地球，因为地球的引力把我们牢牢吸在地球表面。但是你很幸运。你的宇宙飞船已经整装待发，马上就要进入外太空了。发射！

太阳系
太阳
水星
金星
地球
火星
木星
土星
天王星
海王星

太阳系

在宇宙飞船中，你会发现一张太阳系的地图。地图向你展示了环绕太阳运行的8大行星。太阳是太阳系中的恒星。地球是距离太阳系由内向外的第3颗行星，离太阳约有9 300万英里（1.5亿千米）。

太空鸟瞰

在几百英尺的高度，你的宇宙飞船开始绕地球运转。这时你向窗外望去。

地球真可爱！你看，大部分的地球都被蓝色的海洋覆盖，还有飞旋着的白色云朵和绿色的大地。

海洋覆盖了70%的地球表面。

水
E

水

在地球上，水极其重要，是所有生物的生命之源。地球上大部分的水呈液体形态，这是由地球与太阳之间的距离决定的。如果地球离太阳近一些，那么水就会蒸发到空气中。如果地球离太阳远一些，那么水就会凝结成冰。

内部构造

地球是由岩石和金属构成的。岩石的外壳和地球表面的土壤叫做地壳。地壳下面有一层炙热、坚固的岩石叫做地幔。地幔之下越来越热。地球的外核是熔化的铁，内核是固体的铁。

地壳是裂开的。裂开的版块是漂移着的。当这些版块分开或者是相撞的时候，火山会喷发，地震会让大地颤动。亿万年之后，山脉就形成了。

大气层

在太空中，你会看到地球的大气层。它看起来像是一层环绕地球的淡蓝色外衣。

我们的空气基本上是由氮气和氧气组成的。当然还有其他的气体，比如二氧化碳。这些气体把来自太阳的热量保存在地表附近，因此，地球拥有足够的温暖来保障我们的生存。

地球生命

地球非常特别。据我们所知，地球是太阳系唯一一颗拥有智力生命的星球。地球上的生命存在多久了呢?

为此，你做了一些调查。许多科学家认为地球上最小的生命形态产生于35亿年前。那是比恐龙时代还早的存在！经历了亿万年，地球上的生命变得越来越复杂——例如：你！

地球
生命史

年与日

宇宙飞船绕地球运行的时候，你时而飞向太阳，时而飞离太阳。每隔一个半小时，你就可以看见一次太阳。有点像太空中的日出。但是你知道的，地球上两次日出之间的间隔是24小时，即一天。

地球像陀螺一样自转着。当它面向太阳旋转的时候，太阳冉冉升起。当它背向太阳旋转的时候，太阳缓缓西沉。两次日出之间的间隔就是一天。

地球在自转的同时也绕太阳公转。一颗行星绕太阳运行一周的时间就是一年。在地球上，一年有365天。

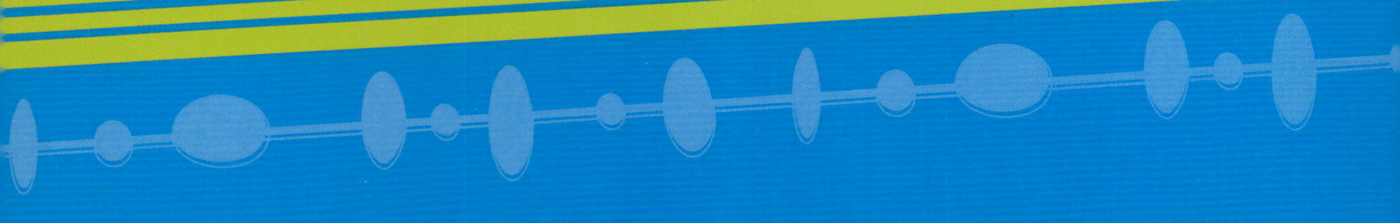

在地球上，面对太阳的一半是白天。背对太阳的一半是夜晚。

白天
夜晚

北方的
春天
北方的
夏天
北方的
冬天
北方的
秋天
E

四　季

地球是倾斜着自转的。地球沿着轨道运行的时候，面向太阳倾斜的部分是不同的。这就是为什么地球上会有四季更替的原因。面向太阳倾斜的那部分是夏天，而背对太阳倾斜的那部分则是冬天。

太空垃圾

你会发现在太空中你并不孤独，成百上千的人造物体绕地球运行着。大一些的是宇宙飞船和旧的人造卫星。小一点的是宇宙飞船遗落的垃圾，包括剥落的油漆和太空车。

科学家在太空船上工作，例如国际空间站。大多数太空船都是不载人的卫星。卫星的使用使地球上的人们能用手机打电话、在电视上看节目等。

月　球

绕地球运行的最大物体是月球。它的直径是地球的1/4，在离地球238 855英里（384 400千米）远的轨道上运行。你向月球进发，只需要几小时就能到达。

当你接近月球的时候，你会看到山川、岩石、平原和许多陨石坑。在平坦的地方小心着陆。

月球是由固体岩石构成的。踏上月表的岩石和粉状尘埃，看到你的猫在喵喵地叫，但是却听不到它的声音。你才想起来，太空中没有空气，因此也没有声音。你朝着地球的方向大喊“你好”，却听不到自己的声音。

你很高兴就要回地球了。在那里，你所有的朋友和家人都能听到你向他们问好！

科学家所知道的地球

研究地球相对简单，因为我们就住在这里。然而，曾经一度的几千年里，人们坚信地球是平的。他们认为天空是头顶的一个固体穹顶，挂着像灯笼一样的星星。他们还认为，太阳、月亮和其他星球都围绕地球旋转。几千年前，希腊科学家发现地球是圆的。但是他们中的大多数还是坚信地球是宇宙的中心。

16世纪早期，科学家尼古拉·哥白尼宣布地球和其他行星一起绕太阳运转。科学家们为此争论数年。17世纪晚期，科学家伊萨克·牛顿发现了地球引力是如何作用的。这一发现有力地证明了哥白尼是对的。地球只是巨大的宇宙中围绕众多恒星中的一颗（太阳）运行的众多行星中的一颗。

在17世纪，科学思想和研究蓬勃发展。从那时起，一切科学——生物、化学、数学、天文学、物理、地质学、工程学等数十个学科——都有了极大的发展。这些学科帮助我们了解我们所在星球的土地、水和空气。1957年，科学家发射了“斯普特尼克”号人造卫星。它开启了太空时代—— 一个从太空来研究地球的新时代。

地球小常识

位置：太阳系由内向外的第3颗行星
与太阳的距离：9 300万英里（1.5亿千米）
直径（行星中间的距离）：7 926英里（12 756千米）
公转时长（年）：约365天
自转时长（日）：约24小时
卫星数量：1个

相关词汇

大气层——行星周围的气体层
核心——星球的中心
陨石坑——深入地下的碗状大坑
气体——一种扩散开来的填充其他物体的物质，如车胎中的空气
引力——一种将较小物体拉向较大物体的力量
地幔——一个星球外壳和核心之间的部分
轨道——环绕某物运行，常呈椭圆形的路线
人造卫星——太空中围绕行星运转的自然或人造物体
太阳系——一颗恒星以及绕其运行的物体，如行星。

拓展学习

图书：

西摩·西蒙，《我们的太阳系》。华盛顿：史密斯森协会，2007年。

罗伯特·E·威尔斯，《行星地球为什么如此特别？》。莫顿格罗夫，IL:阿尔伯特·惠特曼出版社，2009年。

安妮塔·安田，《探索太阳系！》。佛蒙特州白河汇：游牧民族出版社，2009年。

网址：

想了解更多关于地球的知识，请在线访问ABDO集团的网址**www.abdopublishing.com**。关于地球的网址详见本书的链接页面。这些链接会进行定期监测和更新，以提供最新的信息。

索 引

奇幻星际 土星任务

M. J. 科森 著
陈　瑶 译

哈爾濱工業大學出版社
HARBIN INSTITUTE OF TECHNOLOGY PRESS

版权登记号　黑版贸审字　08-2013-065

图书在版编目（CIP）数据

土星任务 /（美）科森著；陈瑶译 .—哈尔滨：哈尔滨工业大学出版社，2014.1

（奇幻星际）

书名原文：Your mission to Saturn

ISBN 978-7-5603-4060-9

Ⅰ.①土…　Ⅱ.①科…　②陈…　Ⅲ.①土星－少儿读物　Ⅳ.①P185.5-49

中国版本图书馆 CIP 数据核字（2013）第 213493 号

插　　图　斯科特·巴勒斯

内容顾问　黛安·M·博伦

策划编辑　甄淼淼

责任编辑　陈　洁　张鸿岩

封面设计　刘长友

出版发行　哈尔滨工业大学出版社

社　　址　哈尔滨市南岗区复华四道街 10 号　邮编 150006

传　　真　0451-86414749

网　　址　http://hitpress.hit.edu.cn

印　　刷　哈尔滨市石桥印务有限公司

开　　本　787mm×1092mm　1/16　印张 2　字数 27 千字

版　　次　2014 年 1 月第 1 版　2014 年 1 月第 1 次印刷

书　　号　978-7-5603-4060-9

定　　价　128.00 元（套）

目 录

假设你能探访土星

土星是一个奇幻的星球，它被美丽的光环围绕着。虽然土星旅行会非常有趣，但从未有人真正去过。你仅仅可以想象一下土星的样子。

在地球上即使不使用望远镜也可以看到土星，它看起来像一颗明亮的黄色星星。但如果想看到土星的光环就需要使用望远镜了。

地球

与地球的距离

首先，你需要为你的旅行准备一艘太空飞船，这是到达土星的必备品。太阳系向外的第6颗星球就是土星，从地球出发到土星的旅程超过7.4亿英里（12亿千米）。

如果你登上太空飞船，并且已经安顿好的话，那就先阅读一些土星的相关资料吧。土星是一个巨大的气体星球，它是太阳系中的第二大行星。土星内部能装下10个地球。

土星环

几个月之后，你便可以观赏窗外的景色了，窗外有大量的冰块和岩石，有的像小鹅卵石那么大，有的像房子那么大。知道你现在在哪儿吗？你正在穿越土星环！

卫星
土卫四(戴奥妮)
土卫五十一(格雷普)
土卫十八(牧神潘)
土卫五(利亚)
土卫四十七(斯科尔)

卫　星

你开始能够看到很多的土星卫星了，这些卫星有些位于土星环中间。根据手上准备好的土星卫星清单，你可以将其一一对应。看，那是土卫五十三（埃该翁）和土卫五十一（格雷普），那是土卫四（戴奥妮）和土卫十八（牧神潘）。你有足够的时间寻找所有的卫星，至少62个。

你第一个造访的卫星是土卫二（恩克拉多斯），它表面的冰层使整个星球成为夜空中最闪亮的星球。土卫二（恩克拉多斯）闪亮的表面将其表面的大部分太阳光反射，所以整个星球温度很低，不适宜待太久。

土卫二（恩克拉多斯）的温度约为华氏-330度（-201摄氏度）。如果没有穿特殊制衣服，你马上就会被冻僵。

接下来你将造访土星最大的卫星——土卫六（泰坦）。它甚至比水星还要大一些，和地球有些相似。

很快你就知道为什么这么说了。土卫六（泰坦)具有很多与地球相同的特征。泰坦星球上有云，有雨，有雪，有山，有湖，有河流。但是此星球的液体并不是水，而是甲烷和乙烷的混合物。

气　体

从土星上方飞过，云层下方的气体由氦气和氢气组成。

土星是所有星球当中密度最小的，如果你用土星碎片和地球碎片做一个漂浮试验，你会发现：地球碎片在水中下沉了，因为其密度大于水；而土星碎片在水中漂浮，因为其密度小于水。

氦气能够使气球漂浮在空中。
氢气是构成水的元素之一。

液体层

土星的引力拽着你降落到大气层以下。土星的引力只比地球的引力大一点点。

现在你已经进入土星的“海洋”区域。你需要准备水中呼吸器，因为你已经置身于氦气和氢气的液体海洋当中了。

核

你一定会为接下来发生的事情感到兴奋不已。你准备好实现一项惊人的发现了吗？科学家们认为这个巨大气体星球的核应该是固体的，并且由岩石组成。现在你将验证此项说法是否正确，并将你发现的结果带回地球。

土星位于距离太阳非常遥远的地方。因此，土星的外部非常寒冷，但是其内部是热的。

年

离开土星核，望向外面的天空，太阳非常遥远。想想，如果在土星上生活一年，那么地球过了多久呢？差不多30年吧！这也是土星绕太阳一周的时间。

土星像地球一样是倾斜着的，所以如地球一样，土星也有四季。然而，土星上每个季节都长达7年之久。

日

眼看着太阳滑出视线，躲到了土星的背面，马上要天黑了吗？你还没在这儿待多久呢，发生了什么事情？

和地球一样，土星自身也在像陀螺一样地自转。星球自转一周的时间称之为一天，即为本次太阳升起到下次太阳升起的时间。在地球上，一天为24个小时，而在土星上，一天则为10.5个小时。这样，上述的现象就得到解释了。

土星旋转很快,好似赤道部分膨胀起来一样，又像一个人旋转时长裙呈喇叭状展开的样子。木星是唯一一个比土星旋转更快的星球。

暴风雨

你注意到前方有暴风雨，想凑近看看。或许这就是科学家所说的“大白斑”现象。这片暴风雨区域在地球上通过天文望远镜观测时显示白茫茫一片。

你想再靠近一点，但是很难。仪器显示风速超过了1 000米每小时（1 609km/h），那是近乎子弹的速度。

该休息了

你已经在土星上度过了一段非常愉快的时光。然而，暴风雨让你更加想念家里温暖的床。该结束你的假期旅程了，闭上眼睛睡觉吧，或许你会在睡梦中继续土星之旅。

科学家所知道的土星

土星是肉眼可见的，所以人们从很久之前就开始研究土星了。1610年，伽利略通过望远镜观测到了土星，他以为看到了星球的胳膊。

1659年，克里斯蒂安·惠更斯通过更加精良的望远镜观测到了土星。所谓的“胳膊”其实是“环”。他还发现了土星最大的卫星——泰坦。19世纪，詹姆斯·基勒得出结论——土星环是由颗粒组成的。

1973年，美国国家航空和航天管理局（NASA）发射先锋11号。这第一艘探测土星的宇宙飞船，于1979年第一次飞经土星，收集到土星大气的信息，并且发现了另一个环和另一颗卫星。

卡西尼号于1997年发射，途经金星和木星，于2004年7月到达土星。这是第一艘绕土星飞行的宇宙飞船。2005年2月，卡西尼号发射探测器到泰坦表面，探测器收集并发回有关泰坦（土星的最大卫星）的诸多照片和新信息。截止到2013年，卡西尼号仍在绕土星飞行。

土星小常识

位置：太阳系由内向外的第6颗星球
与太阳的距离：平均8.86亿英里（14亿千米）
直径：74 900英里（120 540千米）
公转时长（年）：约29.5地球年
自转时长（天）：约10.5小时
引力：略大于地球引力
卫星数量：最少62个
主要卫星：土卫一（米玛斯）；土卫二（恩克拉多斯）；
土卫三（特提斯）；土卫四（狄奥妮）；
土星五（利亚）；土星六（泰坦）；土星七（许珀里翁）

相关词汇

大气层——覆盖行星表面的气体层
核心——星球的中心
赤道——想象的星球中间的一条线
气体——一种扩散开来的填充其他物体的物质，如车胎中的空气
引力——一种将较小物体拉向较大物体的力量
轨道——环绕某物运行，常呈椭圆形的路线
太阳系——一颗恒星以及绕其运行的物体，如行星

拓展学习

图书：

戴西·阿林，《土星：带环的星球》。纽约：加里斯史蒂文斯出版公司，2007年。

加拉尔·吉本斯，《行星》。纽约：假日屋出版社，2007年。

迈克·戈德史密斯，《太阳系》。伦敦：翠鸟出版社，2010年。

网址：

想了解更多关于土星的知识，请在线访问ABDO集团的网址**www.abdopublishing.com**。关于土星的网址详见本书的链接页面。这些链接会进行定期监测和更新，以提供最新的信息。

索　引

奇幻星际 木星任务

娜迪亚·希金斯 著
陈 瑶 译

哈爾濱工業大學出版社
HARBIN INSTITUTE OF TECHNOLOGY PRESS

版权登记号　黑版贸审字　08-2013-065

图书在版编目（CIP）数据

木星任务／（美）希金斯著；陈瑶译．—哈尔滨：哈尔滨工业大学出版社，2014.1

（奇幻星际）

书名原文：Your mission to Jupiter

ISBN 978-7-5603-4060-9

Ⅰ．①木…　Ⅱ．①希…　②陈…　Ⅲ．①木星－少儿读物　Ⅳ．①P185.4-49

中国版本图书馆 CIP 数据核字（2013）第 213503 号

插　　图　斯科特·巴勒斯

内容顾问　黛安·M·博伦

策划编辑　甄淼淼

责任编辑　陈　洁　张鸿岩

封面设计　刘长友

出版发行　哈尔滨工业大学出版社

社　　址　哈尔滨市南岗区复华四道街 10 号　邮编 150006

传　　真　0451-86414749

网　　址　http://hitpress.hit.edu.cn

印　　刷　哈尔滨市石桥印务有限公司

开　　本　787mm×1092mm　1/16　印张 2　字数 27 千字

版　　次　2014 年 1 月第 1 版　2014 年 1 月第 1 次印刷

书　　号　978-7-5603-4060-9

定　　价　128.00 元（套）

目　录

假设你能探访木星

你不可能真的到达木星。木星沉重的大气会把人压扁，强劲的大风会把人撕成碎片，炽热和严寒会把人煮熟或冻成冰块。

至今为止，没有人实现木星旅行。但是，设想你可以……

即使没有天文望远镜，你也很容易能够看到木星。在夜空中，它呈现出浅浅的橙色。

太阳
水星
金星
地球
火星
木星
土星
天王星
海王星
5

太阳系

太阳系的地图会帮助你找寻方向。八大行星绕地球旋转。木星是太阳系由内到外的第5颗行星。

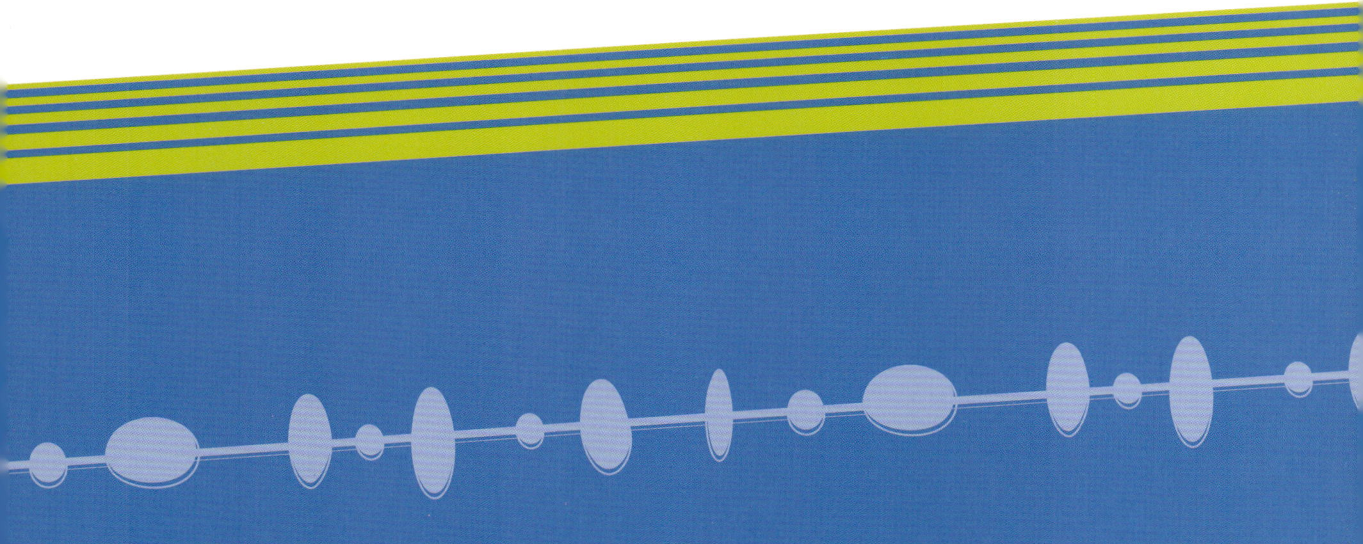

木星的大小

木星是迄今为止最大也是最重的行星。想象一下，即使你将其他所有行星挤压成一个新的行星，这颗新行星的质量也才只有木星的一半。

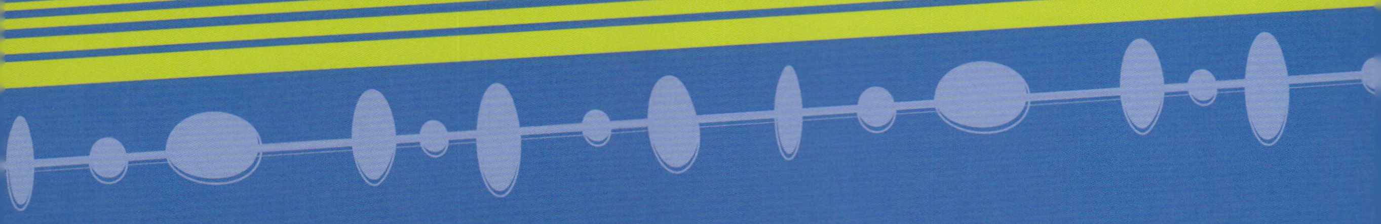

如果木星是一个巨大的袋子，那么你能把1 400多个地球塞进去。

木星
地球

地球
木星
骨头
谜题
披萨
食物

年与日

地球上的一年是365天，这是地球绕太阳旋转一周的时间。但是，木星上的一年有4 332天。这颗巨大的行星绕太阳旋转一周需要12个地球年那么久。

除了绕太阳公转，行星还像陀螺一样自转。在地球上，一天是24小时。在木星上，一天不足10小时。它是自转最快的星球。

木星的地貌

接近木星的时候，你惊讶得微微有些气喘。太美啦！你不禁目不转睛地望着那一条条旋转着的色带，红色的、褐色的、橘色的、白色的，五光十色！

这些色带是由气体云彩形成的，强劲的大风使得这些气体云绕星球转动。因为这些色带在天空中的不同平面运动，所以不会混杂在一起。

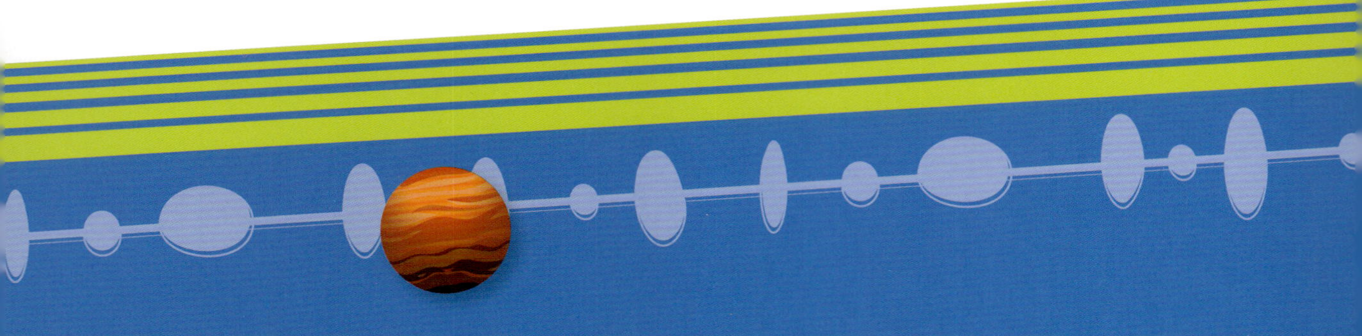

你眯着眼睛，在色带中发现了一些椭圆形的东西。那是暴风雨，它们每隔几天就来去一次。

其中，有一个椭圆形风暴比其他的都要大，呈红色。因此，它被称为“大红斑”。这巨大的风暴的体积比地球和火星加在一起的体积还要大！它已经在木星上肆虐了至少300年。

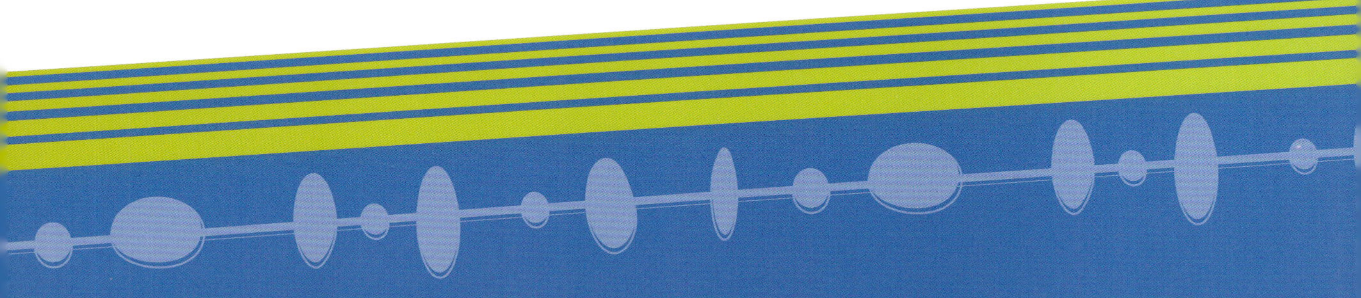

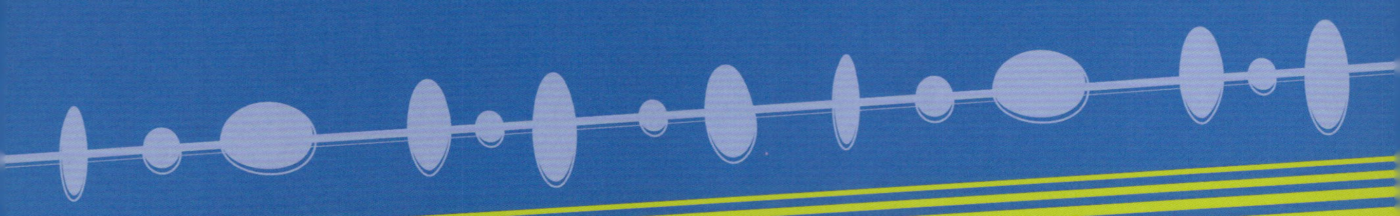

气温和引力

木星上最高云层的气温要比地球上任何地方都冷。但随着你飞得越来越低，气温逐渐变得越来越热，大气也越来越稠密。

到现在为止，你的胳膊和大腿都感觉很沉重。木星上强大的引力让你觉得你的喷气背包像巨大的岩石一样重。

引力是宇宙中一种强大的力量。地球的引力把物体都吸到地面。木星的引力相当于地球上引力的2.5倍。

5
5

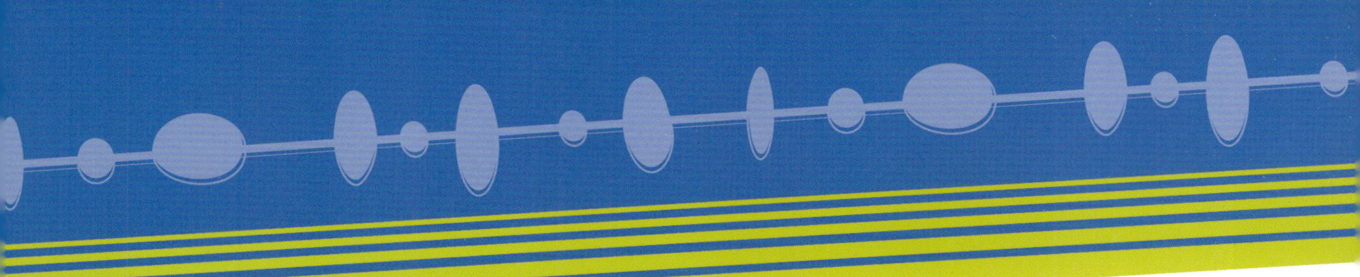

气 体

如果这是地球，那么你已经着陆了。但是木星上没有陆地，它的外层由气体构成。这些气体的主要成分是氢气和氦气，这与构成太阳的气体是一样的。而且，它们有毒。

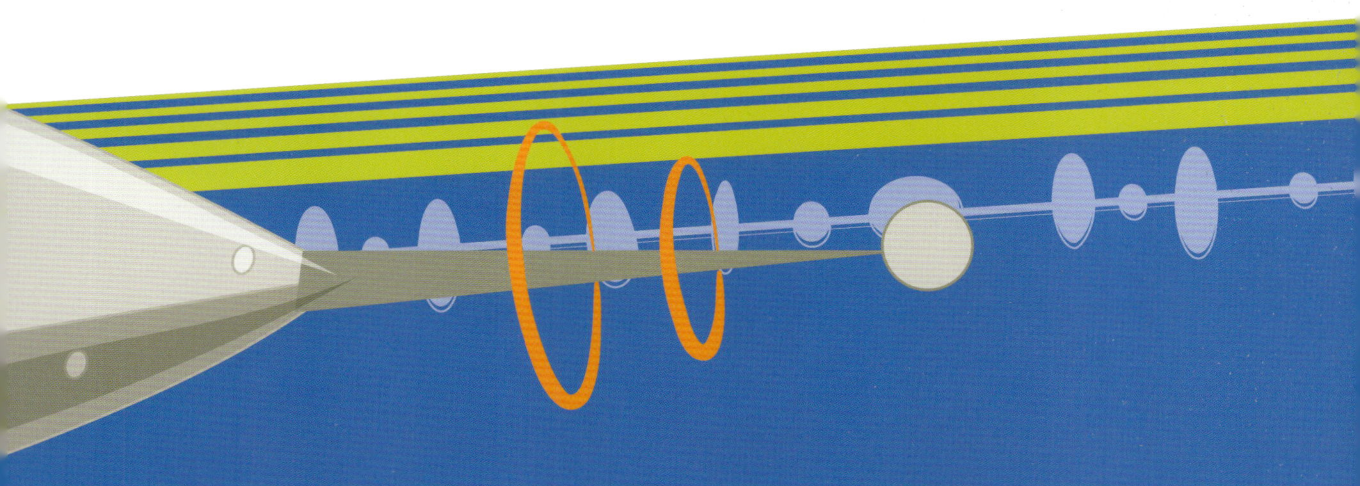

液体与核心

现在，气体非常稠密。终于，你发现自己的身体在液体氢的海洋上溅起了水花。

你游到了几千英里之下的海底。在海底，你发现了木星的核心是由什么构成的。科学家们认为木星的核心很重很密。这是真的吗？请写下你自己的重大发现。

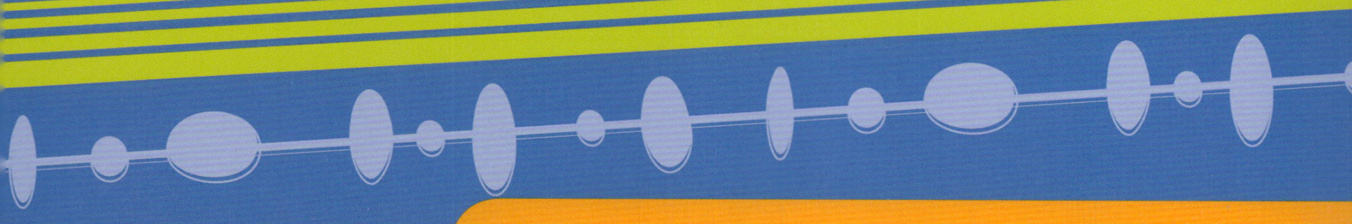

人们认为，木星的核心非常热，华氏45 000度（25 000摄氏度）。它比地球上最闷热的夏日还要热450倍。

木星的卫星

你现在已经很累了，但是你仍然想去看看木星那些有名的卫星。木星有60多个卫星。木星强大的引力作用于它的卫星，使其绕木星旋转，就像行星绕太阳旋转一样。

首先，你去找木卫一（艾奥），木星的四大卫星之一。这颗黄色的卫星和地球一样坚如岩石。绕着它飞行的时候，你看到了火山喷发。你计算所看到的火山数量，并将其记录下来。科学家认为木卫一上的火山多达300个。

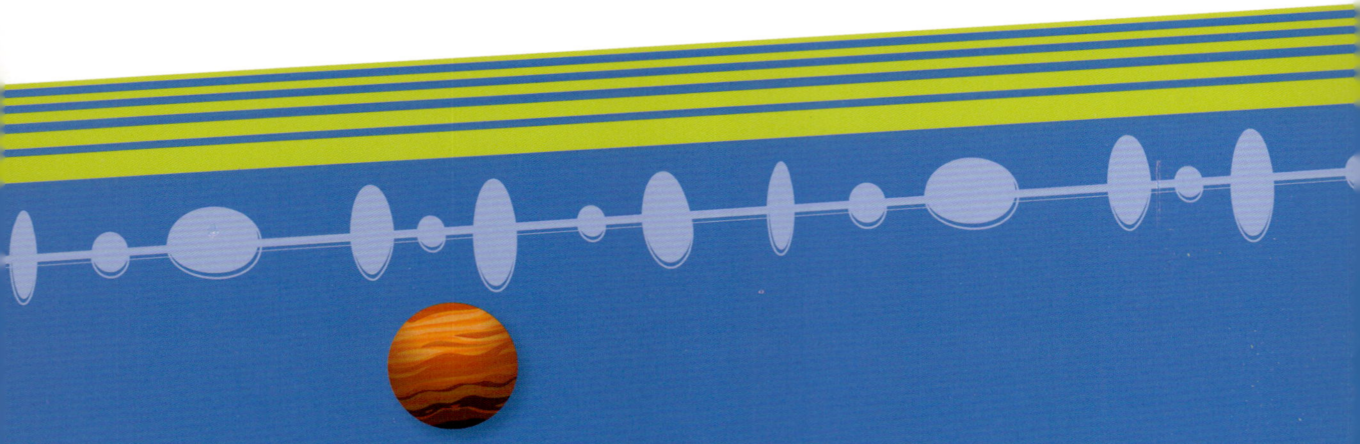

在木卫二（欧罗巴）上，你执行了一项非常特殊的任务。你向下钻透冰层外壳。在那里有喷溅的液体水吗？科学家真的很想知道这一点，因为他们认为水极有可能是生命的征兆。

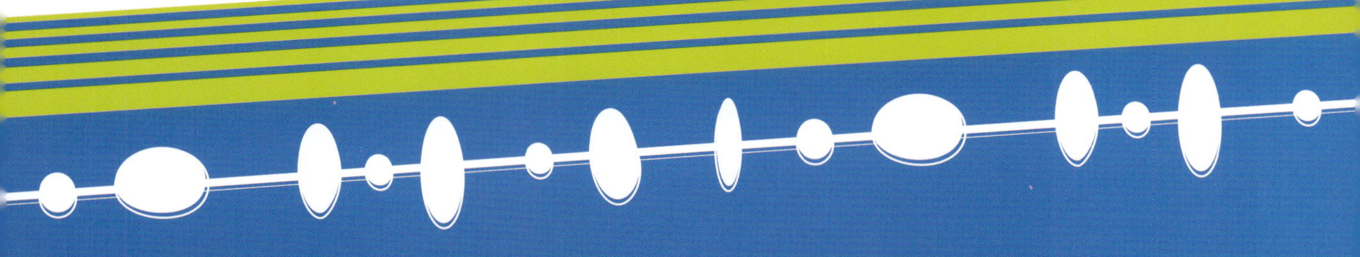

科学家认为，木卫二（欧罗巴）上的水可能是地球的2倍。

在木卫三（盖尼米德）上，你给妈妈写了一张贺卡："来自太阳系最大卫星的问候！"在木卫四（卡利斯托）上，你无比希望可以和你的朋友一起观看这神奇的陨石坑。

你愉快地度过了在木星的旅行时光。但当你回到自己的火箭时，你已经等不及要回到地球了！

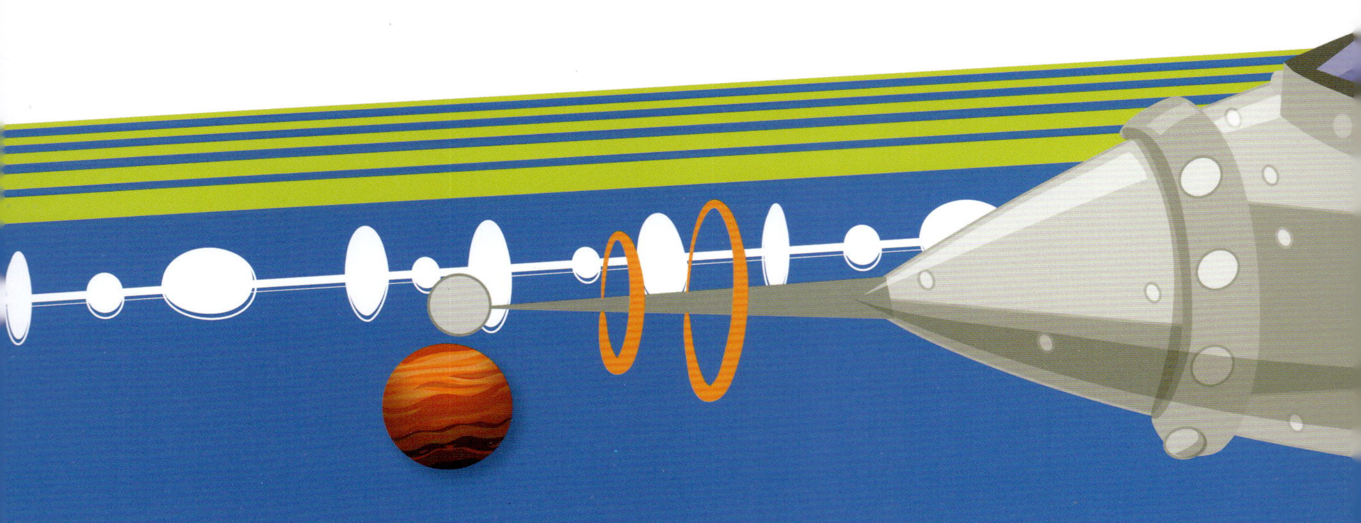

5

科学家所知道的木星

自从远古时代，人们就开始观察夜空中的木星了。在17世纪初期，意大利人伽利略就开始用望远镜研究太空了。通过这一重要工具，伽利略发现了木星最大的四颗卫星。它们正绕木星旋转。在那个时候，所有人都认为太阳、星星和其他太空中的一切都绕地球旋转。伽利略的发现说明事实并不是这样的。

科学家继续通过望远镜来观察木星。在20世纪70年代，美国国家航空航天局（NASA）开始向木星发送宇宙飞船。虽然这些飞船都是无人驾驶，但它们能收集重要的数据。“先驱者10号”和“先驱者11号”帮助人们绘制木星的地图。之后，1979年，“星际旅行者1号”和“星际旅行者2号”拍摄了木星卫星的近景图片。至今为止，这些宇宙飞船只是飞过木星。

1995年，“伽利略号”成为第一个环绕木星的宇宙飞船。8年来，它环绕木星和它的卫星们运行。多亏了“伽利略号”任务，科学家在木卫二（欧罗巴）上发现了水的存在，并且对木卫一（艾奥）的火山有了进一步了解。

美国国家航空航天局（NASA）的下一次木星任务定于2016年。科学家希望“朱诺号”宇宙飞船能够深入该星球，以便于进一步研究这个巨大的行星是由什么构成的。

木星小常识

位置：太阳系由内向外的第5颗行星

与太阳的距离：4.83亿英里（7.78亿千米）

直径（行星中间的距离）：88 900英里（143 000千米）

公转时长（年）：约12个地球年

自转时长（日）：约10小时

引力：地球引力的2.5倍

卫星数量：超过60个

主要卫星：木卫一（艾奥），木卫二（欧罗巴），木卫三（盖尼米德），木卫四（卡利斯托）

重要特征：彩色色带和大红斑

相关词汇

大气层——行星周围的气体层

核心——星球的中心

陨石坑——深入地下的碗状大坑

气体——一种扩散开来的填充其他物体的物质，如车胎中的空气

引力——一种将较小物体拉向较大物体的力量

轨道——环绕某物运行，常呈椭圆形的路线

太阳系——一颗恒星以及绕其运行的物体，如行星

火山——一座可涌出炽热岩浆和蒸汽的山

拓展学习

图书：

黛西·阿林，《木星 最大的星球》。纽约：加里斯史蒂文斯出版社，2011年。

伊莱恩·朗多，《木星》。纽约：儿童出版社，2008年。

惠廷·苏，《古老的轨道飞行器：行星指南》，华盛顿：国家地理，2006。

网址：

想了解更多关于木星的知识，请在线访问ABDO集团的网址**www.abdopublishing.com**。关于木星的网址详见本书的链接页面。这些链接会进行定期监测和更新，以提供最新的信息。

索　引

克里斯汀·扎霍拉·沃尔斯克 著
陈 瑶 译

哈爾濱工業大學出版社
HARBIN INSTITUTE OF TECHNOLOGY PRESS

版权登记号　黑版贸审字　08-2013-065

图书在版编目（CIP）数据
天王星任务 /（美）沃尔斯克著；陈瑶译．—哈尔滨：哈尔滨工业大学出版社，2014.1
（奇幻星际）
书名原文：Your mission to Uranus
ISBN 978-7-5603-4060-9

Ⅰ．①天…　Ⅱ．①沃…　②陈…　Ⅲ．①天王星－少儿读物　Ⅳ．①P185.6-49

中国版本图书馆 CIP 数据核字（2013）第 213534 号

插　　图　斯科特·巴勒斯
内容顾问　黛安·M·博伦
策划编辑　甄淼淼
责任编辑　陈　洁　张鸿岩
封面设计　刘长友
出版发行　哈尔滨工业大学出版社
社　　址　哈尔滨市南岗区复华四道街 10 号　邮编 150006
传　　真　0451-86414749
网　　址　http://hitpress.hit.edu.cn
印　　刷　哈尔滨市石桥印务有限公司
开　　本　787mm×1092mm　1/16　印张 2　字数 27 千字
版　　次　2014 年 1 月第 1 版　2014 年 1 月第 1 次印刷
书　　号　978-7-5603-4060-9
定　　价　128.00 元（套）

目录

假设你能探访天王星

迄今为止，没有人去过天王星。天王星上没有足够的氧气供人呼吸。那儿的严寒会把你冻得结结实实的。

假设你现在是第一个探访天王星的人……

天王星是人类在地球上不借助望远镜也能看到的最远的行星。在夜空中，天王星非常昏暗，是一个大约只有此页中句号大小的蓝绿色的点儿。

太阳系
太阳
水星
金星
地球
火星
木星
土星
天王星
海王星

太阳系

旅途中，你拿出太阳系的地图来找寻方向。你的地图带你了解绕太阳运行的8颗行星。天王星是太阳系由内向外的第7颗行星。

与地球的距离

天王星与地球相距17亿英里（27亿千米）。你现在乘坐超高速火箭前往天王星，即使这样，仍需9年的时间才能到达！好在你带了足够的书籍和游戏，让你不至于无聊寂寞。

骨头
国际象棋
床边故事
太空
跳棋
水

天王星
地球
骨头
水

大小

在漫长的旅行中，你阅读有关天王星的知识。它比地球大很多，大约能装进去63个地球，相当于14个地球那么重。

天王星密度比地球小，构成天王星的粒子没有构成地球的粒子那样排列得紧密。地球基本上都是由岩石组成，而天王星上基本上都是气体和液体。

年与日

一年是一颗行星绕太阳运行一周的时间。地球上的一年是365天，天王星上的一年相当于地球的84年。谢天谢地你没有出生在天王星上，不然你要等84年才能过第一个生日！

所有的行星都像陀螺一样自转，大多数在自转的时候都是倾斜的。天王星自转时倾斜度很大，看起来好像是在侧着旋转。

每个行星自转的时候都是向着太阳，然后再背离太阳。旋转一周相当于一整天，从一个日出到下一个日出。在地球上，一天有24个小时。

由于天王星倾斜得厉害，所以两次日出之间的时间取决于你所站的地点。在赤道上，每隔17个小时便有一次日出。在两极，每隔42个地球年才能有一次日出。

地貌

终于，你的宇宙飞船接近天王星了。你从窗口向外望去，云层包裹着整个星球。甲烷，一种气体，使云层变成蓝绿色。你想起曾在书中看到，甲烷是地球上的一种常规燃料。

大　气

你穿越了大气层，这比地球的大气层密集得多。你的仪器告诉你天王星的大气层是由大量的氢和少量的氦组成，和组成太阳的气体一样。

坚持住！你的飞船被卷入某股强风之中。天王星上的风速可达到360英里/小时（580千米/小时），这比地球上最大的飓风还要强劲许多。

天王星的大气层含有水蒸气和氨。氨是一种化合物，在地球上用作肥料。

气 温

天王星是太阳系中最冷的地方之一。气温低达华氏–364度（–220摄氏度）。

飞船越接近天王星压力越大，感觉像是在地球上湖中潜水越来越深一样。

天王星的万有引力只比地球小一点点。因此在天王星上，你的身体仅比在地球上轻一点点。

液体层和核心

飞船越来越近的时候，你按下按钮将飞船变换成潜艇模式。你来到了一片液体水、甲烷和氨的海洋中，并且深深潜入海底。在数千英里深处，你到达了天王星的核心。

没有人确切地知道天王星的核心是由什么构成的，科学家认为是岩石，不过真是这样的吗？回到地球之后你将要汇报你的发现。

光 环

你掉转飞船，向上而行，远离海洋和云层，去探索天王星的光环！

13道光环环绕着天王星，这些光环基本上由灰尘构成，但也有大块的岩石和冰。你小心翼翼地驾驶，绕开石块，避免撞击。

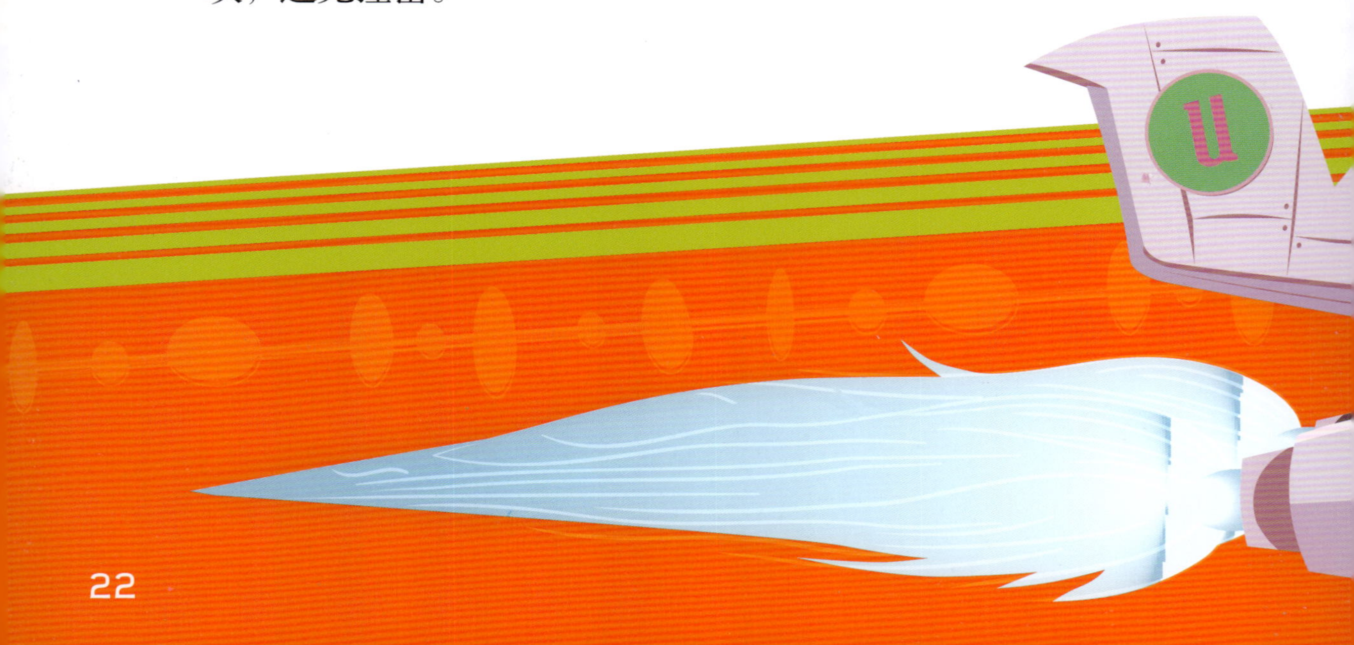

卫　星

你还有时间去探索天王星的卫星。天王星的卫星有27颗那么多！这些卫星由冰和岩石构成。

你着陆在天王星最大的卫星天卫三（泰坦尼亚）上。它宽981英里（1 579千米），比地球的卫星月球的一半还小。幸好你带来了太阳镜，冰霜块儿反射太阳光，使天卫三特别明亮晃眼。

回家

你在天王星上有了重要的发现，并且见证了奇妙的景象。但你遨游多年才到达这里，回家仍是一个漫长的旅程。

你将宇宙飞船掉头转向太阳，迫不及待地返回地球。

科学家所知道的天王星

在地球的天空中，天王星非常昏暗，且运行缓慢，不容易观测到，也很难发现它的轨迹。因此，几个世纪以来，人们一直以为天王星只是天空中的另一颗恒星。

1781年，威廉·赫歇尔通过望远镜发现了天王星。他以英国国王乔治三世之名将它命名为天竺葵(乔治行星)。但是其他的科学家并不喜欢这个名字。他们一致赞成将名字改为天王星，源于希腊天空之神的名字乌拉诺斯。赫歇尔于1787年发现了两颗天王星的卫星，天卫三（泰坦尼亚）和天卫四（奥伯龙）。接下来的两个世纪里，科学家们将继续通过望远镜研究天王星。

1977年，科学家在观察一颗行星划过天王星的时候偶然地发现了天王星的9个光环。同年八月，科学家发射了“旅行者2号”，唯一一艘近距离探索天王星的宇宙飞船。“旅行者2号”于1986年1月飞越天王星，发现了10颗新的卫星，2个新光环和1个奇怪的磁场。在接下来的20年，科学家们通过哈勃太空望远镜发现了更多小卫星和两个新光环。

天王星小常识

位置：太阳系由内向外的第7颗行星
与太阳的距离：18亿英里（29亿千米）
直径（行星中间的距离）：31 763英里（51 118千米）
公转时长（年）：84个地球年
自转时长（日长）：赤道处17小时，两极处42地球年
引力：约比地球引力弱1/10
卫星数量：27个

相关词汇

大气层——行星周围的气体层
核心——星球的中心
气体——一种扩散开来的填充其他物体的物质，如车胎中的空气
引力——一种将较小物体拉向较大物体的力量
甲烷——无色、无味、可燃、呈蓝色的气体
轨道——环绕某物运行，常呈椭圆形的路线
太阳系——一颗恒星以及绕其运行的物体，如行星
水蒸气——水的气体形态

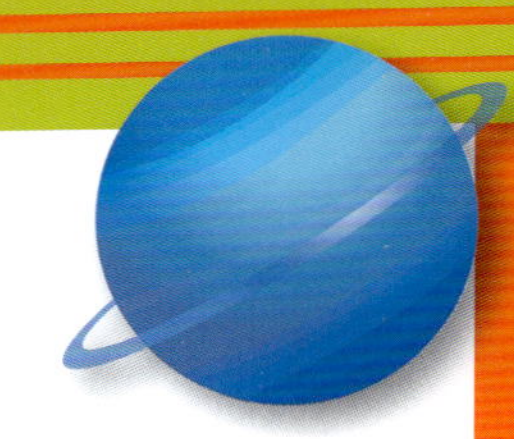

拓展学习

图书：

伊莱恩·朗多，《天王星》。纽约：儿童出版社，2007年。

惠廷·苏，《古老的轨道飞行器：行星指南》，华盛顿：国家地理，2006。

安妮塔·安田，《探索太阳系！》。佛蒙特州白河汇：游牧民族出版社，2009年。

网址：

想了解更多关于天王星的知识，请在线访问ABDO集团的网址**www.abdopublishing.com**。关于天王星的网址详见本书的链接页面。这些链接会进行定期监测和更新，以提供最新的信息。

索　引

奇幻星际 水星任务

克里斯汀·扎霍拉·沃尔斯克 著
陈 瑶译

哈爾濱工業大學出版社
HARBIN INSTITUTE OF TECHNOLOGY PRESS

版权登记号　黑版贸审字　08-2013-065

图书在版编目（CIP）数据
水星任务 /（美）沃尔斯克著；陈瑶译 .—哈尔滨：哈尔滨工业大学出版社，2014.1
（奇幻星际）
书名原文：Your mission to Mercury
ISBN 978-7-5603-4060-9

Ⅰ．①水…　Ⅱ．①沃…　②陈…　Ⅲ．①水星－少儿读物　Ⅳ．①P185.1-49

中国版本图书馆 CIP 数据核字（2013）第 213490 号

插　　图　斯科特·巴勒斯
内容顾问　黛安·M·博伦
策划编辑　甄淼淼
责任编辑　陈　洁　张鸿岩
封面设计　刘长友
出版发行　哈尔滨工业大学出版社
社　　址　哈尔滨市南岗区复华四道街 10 号　邮编 150006
传　　真　0451-86414749
网　　址　http://hitpress.hit.edu.cn
印　　刷　哈尔滨市石桥印务有限公司
开　　本　787mm×1092mm　1/16　印张 2　字数 27 千字
版　　次　2014 年 1 月第 1 版　2014 年 1 月第 1 次印刷
书　　号　978-7-5603-4060-9
定　　价　128.00 元（套）

目录

假设你能探访水星

你当然不能真的游览水星，因为它没有足够的氧气供人类呼吸。白天的炽热足以把你烤熟，夜晚的严寒足以把你冻僵。

迄今为止，没人真正去过水星。但假设你能……

从地球上看，夜空中的水星难得一见。在即将日出和刚刚日落的时候，偶尔可以看到。它看起来很明亮。

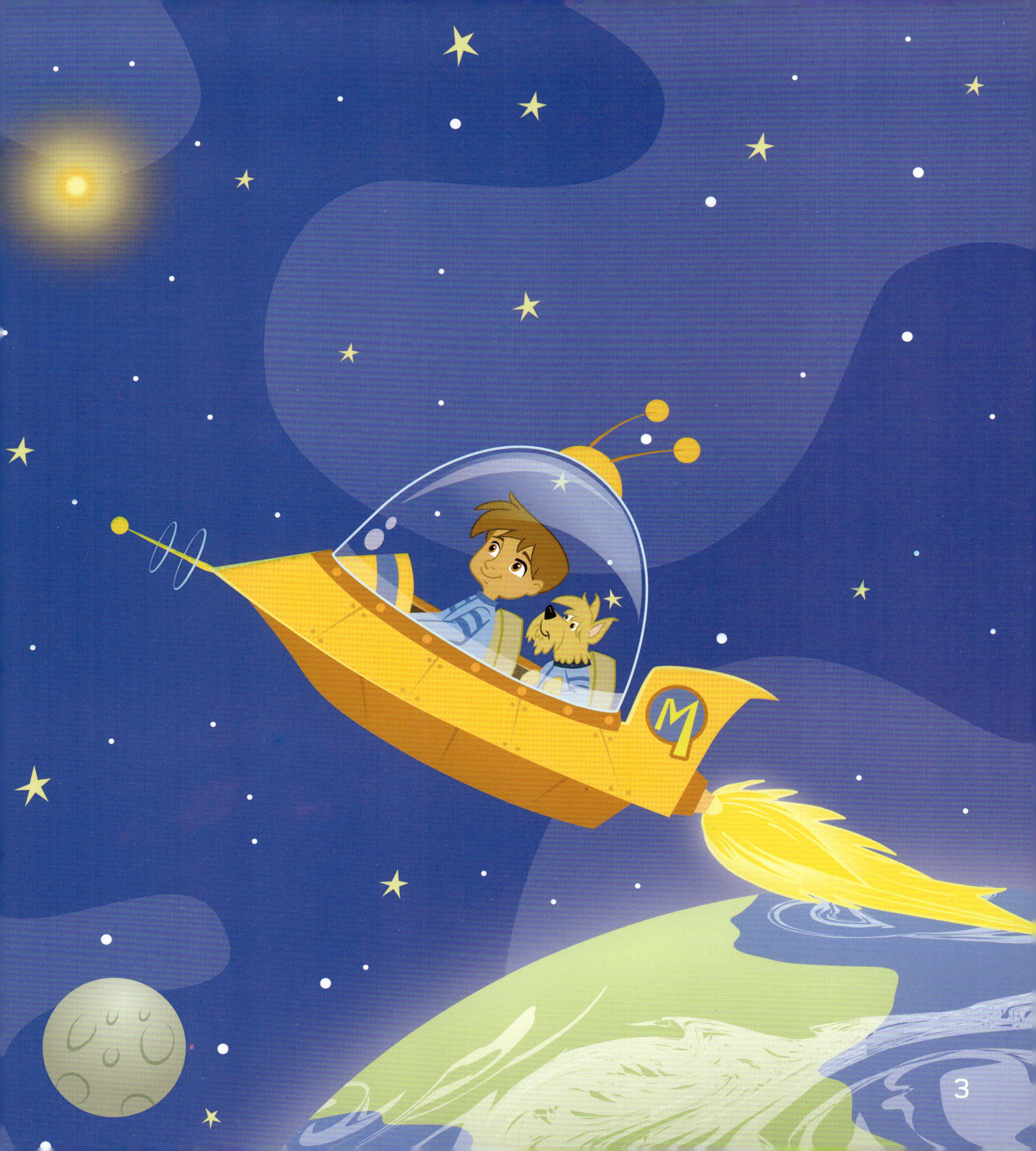
M

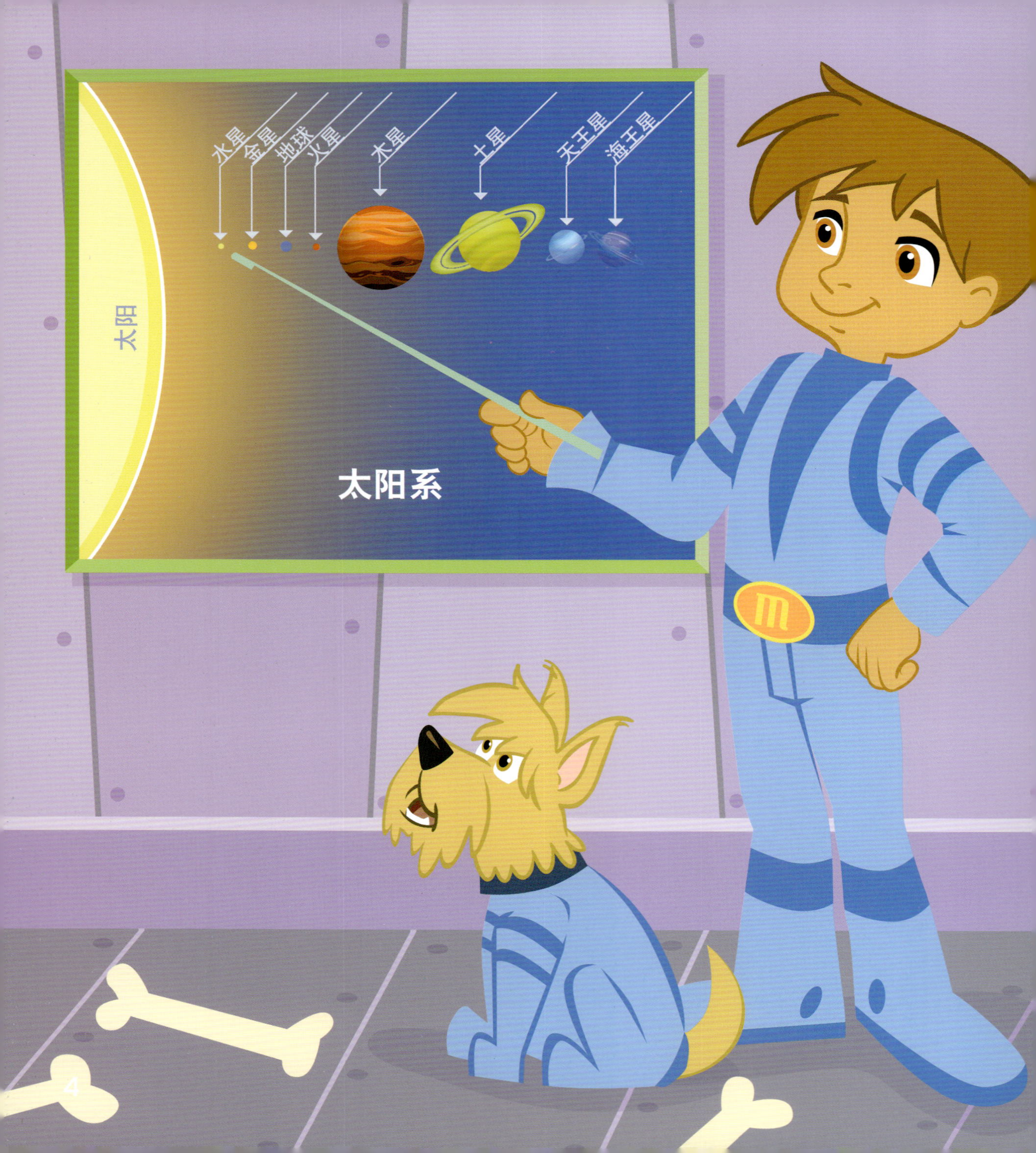
水星
金星
地球
火星
木星
土星
天王星
海王星
太阳
太阳系

太阳系

为了找寻方向，你需要携带一张太阳系的地图。你的地图向你展示了绕太阳运行的8颗行星中，水星是离太阳最近的行星。

小行星

水星是太阳系中最小的行星。

大约18个水星挤压在一起才有一个地球大。

水星比地球的卫星（月球）稍大一点。

大小比较
地球的卫星（月球）
水星
地球

国际象棋
骨头
水

与地球的距离

地球与水星之间的平均距离约为5 700万英里（9 200万千米）。幸运的是，此行你将乘坐世界上最快的火箭，但仍旧要花上几个月才能到达。漫漫旅途，你早有准备，于是拿出了图书和猜谜游戏。

年与日

途中，你温习了一下水星小常识。你记得一年是一个行星绕太阳运行一周的时间。一个地球年是365天。那水星年呢？其实，一个水星年短的很，只有88天哦。

水星因其快速运行而得名。古人以穿飞鞋戴飞帽的天神的名字为其命名。

水星

今天的事务
清单……

行星不仅绕太阳旋转，也像陀螺一样自转。这样的自转使太阳每天在天空中升起和落下。

在地球上，日出间隔的时间是24小时。而在水星上，你要等大约地球上的176天才能看到下一次日出。这么长的白昼，你将做些什么呢？

水星地貌

你的宇宙飞船终于接近水星了。向窗外望去，水星看起来像地球的卫星——月球，地面布满岩石；你看到一条长长的锯齿形裂缝，那一定是地面下坠形成的断崖。

陨石坑到处都是，有些很小，有些则很大。大一些的如浅碗般向下倾斜。你将宇宙飞船驶向一个平坦的、晴朗的平原，并且小心地让飞船着陆。

重力小，无大气

从宇宙飞船里爬出来，你感觉身体很轻。这是因为水星上的引力比地球上小。

你仰起头，看到黑色的太空。地球的大气层散射阳光，形成漂亮的蓝色天空。但是水星基本没有大气，不能散射阳光，所以它的天空永远是黑色的。水星上虽然同样可以看到太阳，但是所见的太阳有地球上的3倍那么大。

地 表

你跃入太空车，朝卡洛里盆地进发。它是水星上最大型的地貌景观，有德克萨斯州那么大。这个盆地是40亿年前流星撞击水星时所形成的。卡洛里盆地地处群山的包围之中。

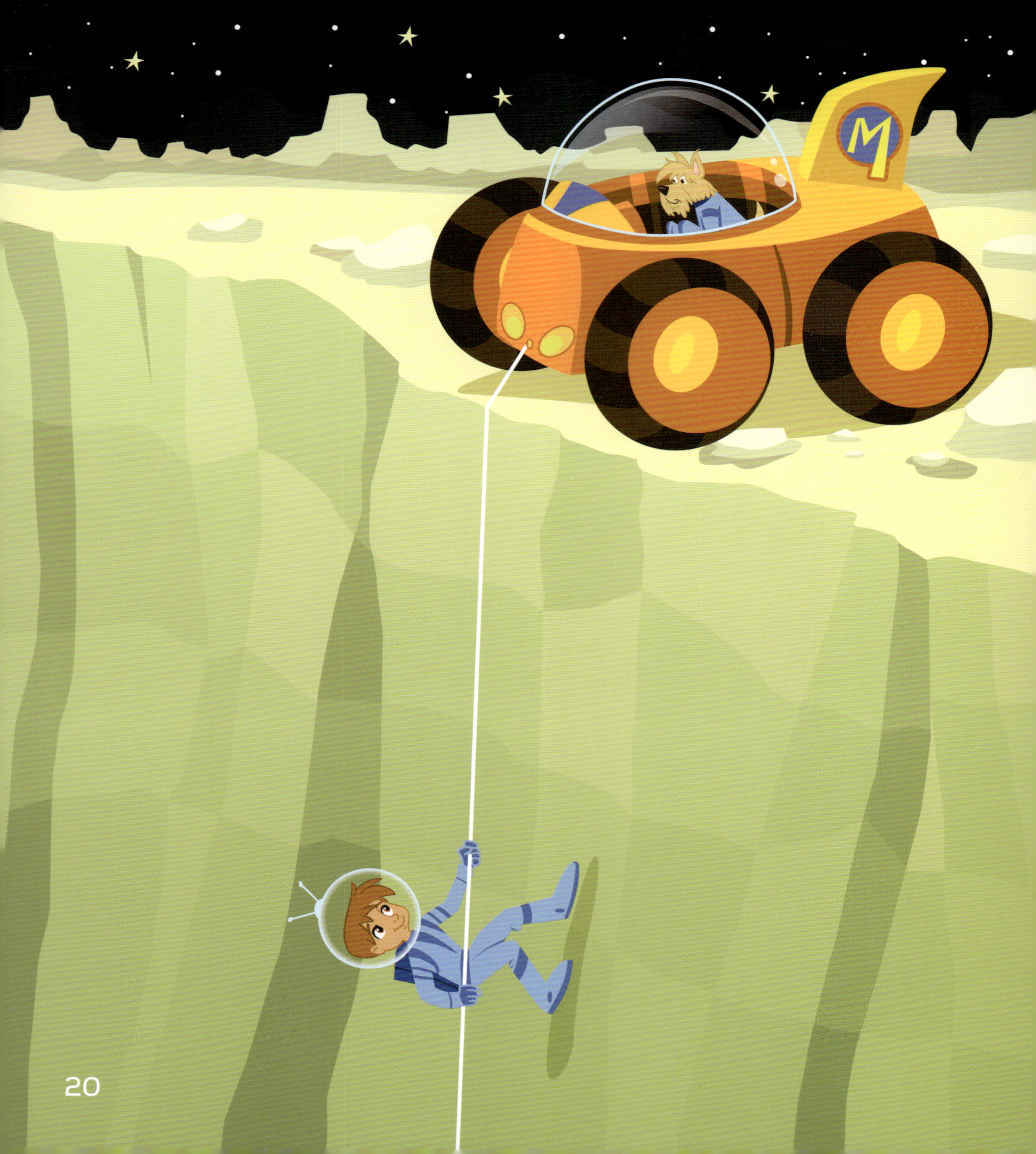
M

接下来，你向探索崖进发。这是一条狭长而高耸的悬崖，有1英里（1.6千米）那么高，相当于地球上最高建筑物的2倍高度。

水星上的悬崖都是因星球萎缩而形成的。水星缩小，它的表面便出现褶皱，这些褶皱就是悬崖。

气 温

现在，你正驶向水星的黑暗地带。那是背对着太阳的一面。因为水星自转速度很慢，所以有一侧会长时间处于黑暗之中。这里特别冷，水星基本没有大气层来保温，温度可以降到华氏–279度（–173摄氏度）。

之后，你去了水星的北极。科学家希望你能帮助他们找到一些谜团的答案。他们知道水星的两个极点都有冰，但冰是从哪里来的呢？你能找到线索吗？

没有人知道冰在水星上是怎么形成的。水蒸汽可能是从水星的热核心渗透出来，遇冷后形成水，然后凝结成冰。

核心

最艰难的工作留到了最后。你想知道水星的核心是由什么构成的，于是往布满岩石的水星地表下面钻探。你发现了铁。但是因为太热，铁是液体的。水星的核心巨大，占整个星球直径的3/4。

奇妙之旅

你攀爬着回到水星表面，又脏又累。但是你并不在意，因为你看到了水星上那么多奇妙的景象！

科学家所知道的水星

天文学家观测水星已经有几千年的历史。早期，人们用肉眼观察水星。1631年，法国科学家皮埃尔·伽桑狄通过望远镜来观测水星。在接下来的3个世纪里，科学家们继续通过望远镜研究这个星球。

20世纪60年代，科学家开始使用雷达观测水星。雷达是通过空气传播的电子信号。1965年，科学家发现了水星旋转速度。直到那时，人们都认为水星向着太阳的那面是永远不变的，就像地球的卫星——月球那样。

1974年，“水手十号”成为抵达水星的第一艘宇宙飞船，没有携带宇航员。它拍摄了第一张水星表面的特写照片，测量了地表的温度，并且发现水星拥有一个巨大的铁质核心。

2004年，科学家向水星发送了第二艘宇宙飞船“信使号”。“信使号”3次飞越水星，几乎拍摄了水星地表的全貌。下一次水星飞行任务是“科伦坡”号，预计于2013年发射。

水星小常识

位置：太阳系由内向外的第1颗行星
与太阳的距离：3 600万英里（5 800万千米）
直径（行星中间的距离）：3 032英里（4 879千米）
公转时长（年）：88个地球日
自转时长（日长）：约176个地球日
引力：不及地球引力的一半
卫星数量：0个

相关词汇

大气层——行星周围的气体层
盆地——星球表面的一个巨大盆状倾角
核心——星球的中心
陨石坑——深入地下的碗状大坑
引力——一种将较小物体拉向较大物体的力量
流星——太空中撞入某个星球的一大块岩石
轨道——环绕某物运行，常呈椭圆形路线
太阳系——一颗恒星以及绕其运行的物体，如行星

拓展学习

图书：

戴维·杰弗里斯，《热行星》。纽约：瑰柏翠出版社，2008年。

伊莱恩·朗多，《水星》。纽约：儿童出版社，2008年。

安妮塔·安田，《探索太阳系！》。佛蒙特州白河汇：游牧民族出版社，2009年。

网址：

想了解更多关于水星的知识，请在线访问ABDO集团的网址www.abdopublishing.com。关于水星的网址详见本书的链接页面。这些链接会进行定期监测和更新，以提供最新的信息。

索 引

奇幻星际 金星任务

克里斯汀・扎霍拉・沃尔斯克 著
陈 瑶 译

哈爾濱工業大學出版社
HARBIN INSTITUTE OF TECHNOLOGY PRESS

版权登记号　黑版贸审字　08-2013-065

图书在版编目（CIP）数据
金星任务 /（美）沃尔斯克著；陈瑶译 .—哈尔滨：哈尔滨工业大学出版社，2014.1
（奇幻星际）
书名原文：Your mission to Venus
ISBN 978-7-5603-4060-9

Ⅰ.①金…　Ⅱ.①沃…　②陈…　Ⅲ.①金星－少儿读物
Ⅳ.①P185.2-49

中国版本图书馆 CIP 数据核字（2013）第 213491 号

插　　图　斯科特·巴勒斯
内容顾问　黛安·M·博伦
策划编辑　甄淼淼
责任编辑　陈　洁　张鸿岩
封面设计　刘长友
出版发行　哈尔滨工业大学出版社
社　　址　哈尔滨市南岗区复华四道街 10 号　邮编 150006
传　　真　0451-86414749
网　　址　http://hitpress.hit.edu.cn
印　　刷　哈尔滨市石桥印务有限公司
开　　本　787mm×1092mm　1/16　印张 2　字数 27 千字
版　　次　2014 年 1 月第 1 版　2014 年 1 月第 1 次印刷
书　　号　978-7-5603-4060-9
定　　价　128.00 元（套）

目 录

假设你能探访金星

你听说过地球的“姐妹”吗？那就是金星！这两个星球几乎一样大，因此人们叫它们“姐妹星”。

当然，它们并不是真正的姐妹。你可以在地球上生存，但是在金星上却不可以。沉重和有毒的大气会将你压扁、使你窒息，热量会融化你的身体。你甚至都不能真正探访金星。但是，假设你能……

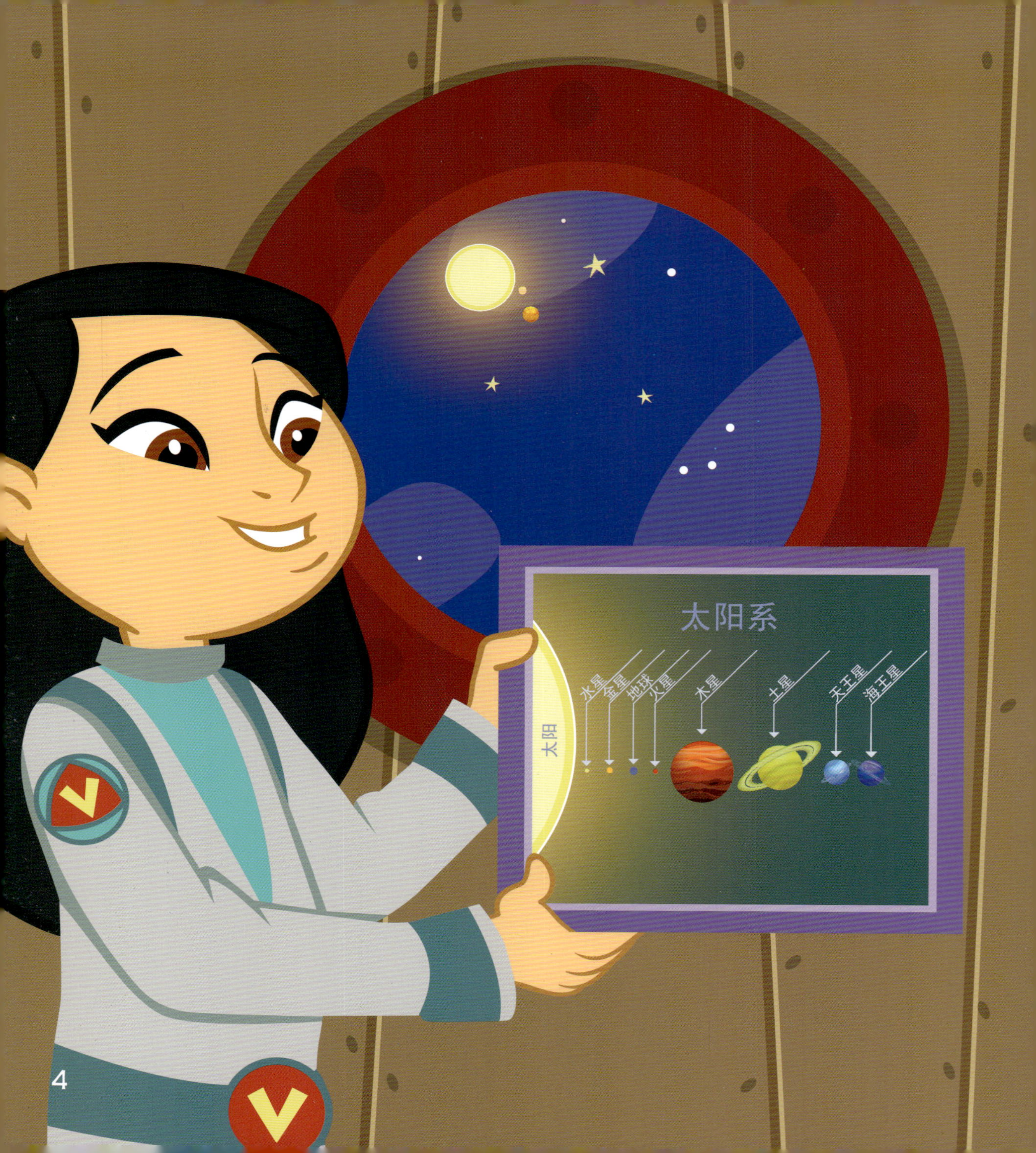
太阳系
太阳
水星
金星
地球
火星
木星
土星
天王星
海王星

太阳系

为了找到路线，你需要带上一张太阳系的地图。你的地图会向你展示绕太阳运行的 8 大行星。

金星是太阳系由内向外的第 2 颗行星，也是地球最近的邻居。在地球上，你很容易就能看到金星，它是我们夜空中第二明亮的物体，仅次于更加明亮的月亮。

金星因明亮而得名。古希腊人认为金星非常美丽，因此以希腊最美丽的女神的名字来命名它。

引力

在出发之前，你要多了解金星。它仅仅比地球小一点点，轻一点点。那就是说，金星上的引力与地球相差不多。引力是宇宙中一股强大的力量，它能够将万物聚在一起。

地球的引力让物体落到地上，使物体有重量。在金星上，你的胳膊和腿会比在地球上感觉轻一些。

大小比较
地球
金星
太空骨头

多米诺骨牌
国际象棋
跳棋

与地球的距离

轨道是行星绕太阳运行时所经过的路径。金星与地球的轨道相距 2 600 万英里（4 100 万千米）。即使你乘坐世界上最快的飞船，也要花 1 个多月的时间才能到达金星。

人类已经发送多艘宇宙飞船去探访金星。这些飞船都是不载人的。每艘都要花 3 个月或更长的时间才能到达金星。

年与日

你的生日快到啦！在地球上，你就快 10 岁啦；但是在金星上，你已经快 16 岁啦。一年是一个行星绕太阳运行一周的时间。地球上的一年是 365 天，而金星上的一年只有 225 天。

10
16
V

金星
日落
日出
西边
东边
地球
日出
日落
东边
西边

在地球上，一天有24个小时。这是地球绕地轴自转一周的时间。在金星上，一天有5 832个小时。金星是太阳系中两个按顺时针方向自转的星球之一。另一个是天王星。金星是所有行星中自转速度最慢的。

在地球上，太阳从东方升起，而在金星上，太阳从西方升起。这是因为，金星与地球的自转方向相反。

大气层

你的宇宙飞船正在接近金星。从窗口望出去，可以看到黄色的云。这些云都是由酸形成的。酸会腐蚀金属和其他物质。幸运的是，你的飞船有一层特殊的防护膜。

你似乎还闻到了什么味道。这些云闻起来像臭鸡蛋一样。飞船外电闪雷鸣，雷电交加。

金星上最高的云层绕星球高速运行。强劲的大风以 224 英里 / 小时（360 千米 / 小时）的速度推动云层运动。这比地球上任何台风都要猛烈。

你继续在大气中前行。气体层很厚，重重地压在金星表面上。你想起曾在书中读过，金星上的压力是地球上的90倍。站在金星上让人感觉像站在地球的深海中一样。

你的飞船越来越接近金星表面，云层渐渐稀薄，起风了。

气 温

你将宇宙飞船着陆，然后四处望去，云层遮住了太阳，但你仍然感觉到了炽热。金星的温度可高达华氏 860 度（460 摄氏度），足以融化金属铅。金星是我们太阳系中最热的行星。

地球发送的一些宇宙飞船成功着陆金星，但是 3 小时内便被金星的炽热所摧毁。

地 表

你跳进行星巡视车，环游金星。地面布满岩石，非常干燥。你看到了沙丘，还有风沙堆积而成的大山。金星表面几乎都是平原，但也有成千上万的火山。

金星的核心由铁构成。科学家认为其中部分是固体，部分是液体。

你开着行星巡视车驶向北极，直上伊师塔高地。它是金星上的两大高地之一，有澳大利亚那么大！

马上你就见到了麦克斯韦山脉，金星上最高的山脉，高 7 英里（11 千米）。你向上攀登，直到峰顶。现在，你所站的高度比珠穆朗玛峰的高度更高。

金星的另一大高地是阿佛洛狄忒高地，有南美洲那么大！

麦克斯韦山脉

探索金星的过程中，途径很多大陨石坑。陨石坑是太空物体撞击星球表面所产生的坑。金星上没有小的陨石坑。在撞击地面之前，小型物体在又厚又热的大气中燃烧殆尽。

真是漫长的一天啊！你目睹了许多神奇的景象！然而，关于金星，仍然有很多需要去了解。睡梦中，你可以继续探索更多科学家们试图解答的谜团。金星上有过大海吗？金星上有过微生物吗？你很快就会发现的！

多米诺骨牌
国际象棋
跳棋

科学家所知道的金星

人们观测到金星已有千年之久。在17世纪早期，人类发明了望远镜。意大利科学家伽利略是第一个用望远镜来研究天空的人。早在1610年，他就用望远镜研究金星和其他星球。

接下来的几个世纪里，科学家们继续通过望远镜研究金星。在20世纪五六十年代，他们开始用雷达来观测金星。这帮助科学家们测量出金星的温度和旋转的速度。

人类成功发送的以研究其他星球为目的第一艘宇宙飞船是“水手二号。”它于1962年12月飞过金星，无人驾驶。“水手二号”测量到了金星表面的气温，并研究了它的大气层。

在20世纪90年代早期，“麦哲伦号”宇宙飞船使用雷达测绘金星表面。2005年，科学家发送一艘名为“金星快车”号的宇宙飞船环绕金星飞行，并研究它的大气层和气候模式。

金星小常识

位置：太阳系由内向外的第2颗行星
与太阳的距离：6 700万英里（10 800万千米）
直径（通过行星中间部分的距离）：7 521英里（12 104千米）
公转时长（年）：225个地球日
自转时长（日）：5 832个小时
引力：相当于地球引力的9/10
卫星数量：0个

相关词汇

大气层——行星周围的气体层
核心——星球的中心
陨石坑——深入地下的碗状大坑
气体——一种扩散开来填充其他物体的物质，如车胎中的空气
引力——一种将较小物体拉向较大物体的力量
轨道——环绕某物运行，路线常呈椭圆形
高地——平坦且地势较高的区域
太阳系——一颗恒星以及绕其运行的物体，如行星
台风——一股形状如漏斗般猛烈的、旋转的空气柱
火山——一座可涌出炽热岩浆和蒸汽的山

拓展学习

图书：

戴维·杰弗里斯，《热行星》。纽约：瑰柏翠出版社，2008年。

伊莱恩·朗多，《金星》。纽约：儿童出版社，2008年。

安妮塔·安田，《探索太阳系》。佛蒙特州白河汇：游牧民族出版社，2009年。

网址：

想了解更多关于金星的知识，请在线访问ABDO集团的网址**www.abdopublishing.com**。关于金星的网址详见本书的链接页面。这些链接会进行定期监测和更新，以提供最新的信息。

索引